山西小麦需水量与灌溉制度

刘宏武　韩娜娜　王自本　等　著

中国水利水电出版社

www.waterpub.com.cn

·北京·

内 容 提 要

本书依据山西省灌溉试验站十余年的小麦试验资料，系统总结了小麦需水量与经济灌溉制度等研究成果。全书共 8 章，第一章主要介绍了小麦种植的基本概况；第二章对小麦灌溉试验情况进行了描述；第三章根据试验数据研究了灌水对小麦产量的影响、小麦需水规律、土壤水分变化规律及小麦灌溉制度；第四章为小麦需水量的计算及其结果；第五章论述了充分供水情况下的小麦灌溉制度；第六章阐述了小麦产量和用水量关系；第七章研究了非充分灌溉制度；第八章分析了小麦水分生产率。

本书可供灌溉用水管理、灌溉工程规划设计等相关专业的工程技术人员和有关师生参考。

图书在版编目（ＣＩＰ）数据

山西小麦需水量与灌溉制度 / 刘宏武等著. -- 北京：中国水利水电出版社，2018.6
ISBN 978-7-5170-5945-5

Ⅰ．①山… Ⅱ．①刘… Ⅲ．①小麦－作物需水量－研究－山西②小麦－灌溉制度－研究－山西 Ⅳ．①S512.107.1

中国版本图书馆CIP数据核字(2018)第129895号

书　　名	**山西小麦需水量与灌溉制度** SHANXI XIAOMAI XUSHUILIANG YU GUANGAI ZHIDU
作　　者	刘宏武　韩娜娜　王自本　等 著
出版发行	中国水利水电出版社 （北京市海淀区玉渊潭南路 1 号 D 座　100038） 网址：www.waterpub.com.cn E-mail：sales@waterpub.com.cn 电话：（010）68367658（营销中心）
经　　售	北京科水图书销售中心（零售） 电话：（010）88383994、63202643、68545874 全国各地新华书店和相关出版物销售网点
排　　版	中国水利水电出版社微机排版中心
印　　刷	天津嘉恒印务有限公司
规　　格	170mm×240mm　16 开本　11 印张　216 千字
版　　次	2018 年 6 月第 1 版　2018 年 6 月第 1 次印刷
印　　数	0001—1000 册
定　　价	**45.00 元**

本书作者及审稿人员名单

撰　　稿：刘宏武　　韩娜娜　　王自本　　常振华　　张　彪

　　　　　陈永红　　郭文俊　　潘晋宾　　亢林建

统　　稿：王仰仁

审　　稿：康绍忠

前　言

多年来山西省灌溉试验工作为小麦灌溉用水管理科学化、现代化及经济用水管理模式积累了大量的、系统的、宝贵的资料。许多灌溉试验成果被教科书、省和国家重大项目研究以及一些科普专著所采用，获得了显著的社会效益和经济效益。为了更好地把小麦灌溉试验的研究成果系统化，更便于推广应用，为小麦合理灌溉提供可靠依据，我们对近十多年来的小麦灌溉试验研究成果进行了系统分析整理，编写了本书。

本书以向灌溉用水管理、灌溉工程规划设计等部门提供实用技术参考为主要目标，在注重系统性、理论性的同时，尽量多地列举了试验观测数据及其分析结果。并对小麦需水量及灌溉制度进行了较为系统的介绍，提出了一些具有重要学术价值和生产实用价值的模型、方法和参数。

书中包含的主要内容有：根据试验数据研究了灌水对小麦产量的影响、小麦需水规律、土壤水分变化规律及小麦灌溉制度；从理论上论述了小麦需水量的计算方法及其结果；充分供水情况下小麦灌溉制度及非充分灌溉制度；采用不同模型阐述了作物产量和耗水量的关系等。

本书主要撰写人员有山西省中心灌溉试验站刘宏武（主要撰写第一章、第二章和第六章）、天津农学院水利工程学院韩娜娜（主要撰写第三章、第四章和第五章）、山西省水利水电工程监理有限公司王自本（主要撰写第七章和第八章）。另外，常振华（山西省西山提黄灌溉工程建设管理中心）、张彪（山西省中心灌溉试验站）、陈永红（山西省中心灌溉试验站）、郭文俊（山西省洪洞县霍泉灌区灌溉试验站）、潘晋宾（山西省夹马口灌区灌溉试验站）、亢林建（山西省临汾市汾西灌区灌溉试验站）、龚建平（山西省运城市平陆县红旗灌区试验站）和朱慧贤（山西省临汾市翼城县利民灌区灌溉试验站）也参与了部分工作。

全书由天津农学院王仰仁教授统稿，中国农业大学教授、中国工程院康绍忠院士审阅。本书的出版得到了山西省水利厅白小丹、张建中和武福玉等厅领导的大力支持，山西省水利厅农村水利处朱佳、郭天恩等历任处领导给予了精心指导。借此对给予灌溉试验工作支持的所有领导以及工作在灌溉试验基层一线的同志，一并表示最衷心的感谢！

由于作者水平有限，书中难免存在疏漏和不足，恳请广大读者给予批评指正。

作者

2017 年 4 月

目　录

前言

第一章　基本概况 ………………………………………………………… 1
　　第一节　小麦种植概况 …………………………………………………… 1
　　第二节　水资源概况 ……………………………………………………… 7
　　第三节　灌溉供水量概况 ………………………………………………… 14

第二章　小麦灌溉试验 …………………………………………………… 21
　　第一节　灌溉试验站基本情况 …………………………………………… 21
　　第二节　主要采用的灌溉试验方法 ……………………………………… 27

第三章　灌水对小麦产量及耗水量的影响 ……………………………… 39
　　第一节　灌水对小麦产量的影响 ………………………………………… 39
　　第二节　小麦需水规律分析 ……………………………………………… 68
　　第三节　灌溉制度对小麦产量影响的试验研究 ………………………… 90

第四章　小麦需水量 ……………………………………………………… 99
　　第一节　小麦需水量的计算方法 ………………………………………… 99
　　第二节　作物系数分析确定 ……………………………………………… 112
　　第三节　分区作物需水量 ………………………………………………… 115

第五章　充分供水的灌溉制度 …………………………………………… 135
　　第一节　灌溉制度的拟定方法 …………………………………………… 135
　　第二节　有效降雨量的计算 ……………………………………………… 138
　　第三节　小麦分区充分灌溉制度 ………………………………………… 141

第六章　小麦产量和用水量关系 ………………………………………… 145
　　第一节　小麦产量和用水量关系模型 …………………………………… 145
　　第二节　小麦产量和用水量模型参数的率定 …………………………… 148

第七章　非充分灌溉制度 ………………………………………………… 153
　　第一节　经济用水灌溉制度 ……………………………………………… 153
　　第二节　限额供水灌溉制度 ……………………………………………… 157

第八章　小麦水分生产率 ··· 161

　第一节　小麦水分生产率的定义及影响因素 ················· 161

　第二节　小麦分区水分生产率 ································· 162

参考文献 ··· 165

第一章 基 本 概 况

第一节 小 麦 种 植 概 况

一、我国小麦种植分布面积

小麦是全球种植范围最为广泛的重要粮食作物，约 34%～40% 的世界人口以小麦作为主粮。我国是世界上第一大小麦生产国。小麦的总产量和总消费量均居世界首位，是我国重要的商品粮和战略性粮食储备品种。在我国，小麦的常年种植面积占全国粮食作物种植面积的 25%，是种植面积仅次于水稻的第二大主要粮食作物，其总产量占全国粮食作物总产量的 22% 左右，年消费总量约 1.2 亿 t，每年消费量增长约为 2%，是我国约一半人口的主食，在中国粮食构成中占有极其重要的地位。这种特殊的地位，使小麦的生产既关系到农民增收，又与我国粮食安全息息相关。

小麦在我国分布很广。从地区上来看，北自黑龙江省的漠河地区，南至广东省的海南岛，西起新疆维吾尔自治区的塔什库尔干塔吉克自治县，东抵沿海各地以及台湾省；从垂直分布来看，从低于海平面 154m 的吐鲁番艾丁湖公社，到海拔 4400m 的西藏自治区的定日县白巴区切村，都种植有小麦。可以说，小麦是我国分布范围最广的一种作物。

近年来随着种植业结构调整，经济作物面积扩大，粮食作物种植比例不断下降，而小麦是下降最多的。据统计，1978—1997 年，我国小麦播种面积一直在 2900 万 hm² 上下波动。1997 年，我国小麦总产量达到历史最高水平 12329 万 t。但是从 1998 年起，小麦种植面积连续 7 年下降，2004 年仅有 2160 万 hm²，比 1997 年的 3000 万 hm² 下降了 28%，是改革开放以来的最低点；小麦总产量从 1998 年起连续 6 年下降，2003 年我国小麦总产量达到最低水平的 8649 万 t。2005—2009 年，播种面积回升至 2429 万 hm²，小麦总产量也有所增加，到 2009 年达到 11512 万 t。但我国小麦需求总量却在逐年上升，供需缺口有逐年加大的趋势，小麦的供需矛盾呈现紧张态势。另外，我国小麦的种植收益比其他粮食作物（如水稻、玉米）低，比经济作物更低，导致麦农种植小麦的积极性下降，也对我国小麦生产造成负面影响。

我国以种植冬小麦（就是秋、冬季播种，春、夏季收获的小麦）为主，冬小麦约占全国小麦总面积的 80% 以上，但也有春季播种、夏季收获的春小麦。在全国范围内,几乎全年都可以在田间看到麦苗,从1—12月都有小麦成熟和收获。小麦是一种适应性很强的作物,在山地、丘陵、平原、河滩,还是各种类型的土壤上,一般都能够生长。

我国小麦分布虽然很广,但是冬小麦主要分布在长城以北,岷山、唐古拉山以东,包括河南、山东、河北、安徽、江苏、陕西、四川、山西等省,种植面积约占全国小麦总面积的75%,是我国小麦的主产区。春小麦则主要分布在长城以北,岷山、大雪山以西,包括黑龙江、甘肃、内蒙古、青海、宁夏等省(自治区),这些地区冬季严寒,多数地方小麦不能安全越冬,所以种植春小麦,是我国主要的春麦区。近十几年来,由于生产条件的改善、新的小麦优良品种育成和耕作栽培技术的提高,在原来的春小麦地区或春麦、冬麦兼种区,冬小麦的栽培面积有一定的发展(如新疆的北部、甘肃的河西地区以及西藏高原);有的冬麦区为了提高复种指数或避灾,春小麦的面积有所扩大(如河北省的北部地区和北京、天津地区)。根据自然条件以及现阶段的小麦耕作制度、品种类型和栽培特点等,我国小麦栽培区域一般划分为:北方冬麦区,黄淮平原冬麦区,长江中、下游冬麦区,西南冬麦区,华南冬麦区,东北春麦区,北部春麦区,西北春麦区,青藏高原春、冬麦区,新疆冬、春麦区,共10个麦区。上述划区还是比较粗的,随着生产的发展和有关资料的积累,还可做进一步的修改。

二、山西省小麦种植分布情况

山西省位于我国黄河中游东岸,华北平原西面的黄土高原上,是我国的内陆省份之一。省境四周山环水绕,与邻省(区)的自然境界分明。东以太行山为界,与河北为邻;西、南隔黄河与陕西、河南相望;北以外长城为界与内蒙古毗连。全境总面积为15.67万km²,占全国总面积的1.6%。疆域轮廓呈东北斜向西南的平行四边形,南北间距较长,纵长约682km:最南端在芮城县南张村南,北纬34°34′;最北端在天镇县远头村北,北纬40°44′。东西间距较短,宽约385km:最东端在广灵县南坑村东,东经114°33′;最西端在永济市长旺村西,东经110°14′。

全省属于温带大陆性季风气候,各地年平均气温为4～14℃,总体分布趋势为由北向南升高,由盆地向高山降低;全省各地年降水量358～621mm,季节分布不均,夏季6—8月降水相对集中,约占全年降水量的60%,且省内降水分布受地形影响较大。山西省是典型的由黄土广泛覆盖的山地高原,地势东北高西南低。境内大部分地区海拔在1500m以上,最高点为五台山主峰叶斗峰,海拔3061.1m,为华北最高峰,有"华北屋脊"之称;最低点在垣曲县境内西阳河入黄河处,海拔仅180m。高原内部起伏不平,河谷纵横,地貌类型复杂多样,有山地、丘陵、台地、平原,山多川少,山地、丘陵面积占全省总面积的80.1%,平川、河谷面积占总面积的19.9%。境内主要山脉有太行山、吕梁山、恒山、五台山、中条山、太岳山等，境内有大同、忻州、太原、临汾、运城、长治、晋城、阳泉、寿阳、襄垣、黎城等盆地。受纬度和海拔双重影响，形成了复杂多样的气候生态条件，因此小麦生长的限制性生态因素、栽培条件和品种类型有明显不同。

1. 山西省耕地情况

根据《2013年山西省年鉴》的统计，山西省主要年份耕地的情况见表1-1。

表1-1　　　　　　　　山西省主要年份耕地的情况　　　　　单位：$10^3 hm^2$

年份	耕地面积	有效灌溉面积	机电排灌面积	机耕地面积
1978	3923.41	1092.48	766.30	1936.99
1980	3921.46	1115.14	775.22	1777.76
1985	3761.09	1079.10	776.98	1916.74
1990	3692.51	1134.45	836.74	1987.08
1995	3645.09	1201.99	891.74	2143.55
2000	4341.94	1105.04	939.07	2270.24
2005	3793.19	1088.59	946.39	2042.27
2006	4054.30	1172.61	944.90	2022.50
2007	4053.45	1255.69	943.31	2056.37
2008	4055.82	1254.56	945.72	2179.93
2009	4068.40	1261.00	948.53	2367.46
2010	4064.18	1274.15	961.90	2559.72
2011	4064.51	1324.78	1012.03	2525.92
2012	4064.19	1319.16	1042.43	2573.45
2013		1382.79	1052.79	2609.24

由表1-1可以看出，1978—1995年期间，山西省总的耕地面积平均为（3600～3900）$\times 10^3 hm^2$，但是2000年的总耕地面积达到了4341$\times 10^3 hm^2$，是历年来的最大值，相对1995年，增加了近700$\times 10^3 hm^2$，增幅为19%。但是，2000—2013年期间，山西省总耕地面积基本维持在4000$\times 10^3 hm^2$左右。其中有效灌溉面积从1978年的1092$\times 10^3 hm^2$增长至2013的1383$\times 10^3 hm^2$，虽然每年的增长幅度较小，但还是呈逐年递增趋势。2006年以前山西省有效灌溉面积占总耕地面积的比例基本上相差不大，平均为28%；2006年以后有效灌溉面积占总耕地面积的比例基本上相差也不大，平均为32%。

2. 山西省各地区小麦生产情况

山西省南北间距较长，境内地形独特、地貌复杂多样，因此山西省的北部地区，如大同朔州区，主要种植春小麦，而山西省的中部和南部地区主要种植冬小麦。山西省按照小麦的生产情况，划分了七大区，从北到南依次为大同朔州区、忻州区、离石吕梁区、晋中区、长治晋城区、临汾区和运城区。其中大同朔州区和忻州区主要种植春小麦，其他地区主要种植冬小麦。根据 2013 年《山西省农村统计年鉴》，2013 年山西省各地区冬小麦的生产情况见表 1－2。

表 1－2　　　　　　　2013 年山西省各地区冬小麦的生产情况

地区	农作物总播种面积 /hm²	小麦播种面积		小 麦 产 量	
		面积/hm²	占比/%	总产量/t	单产量/(kg/hm²)
太原市	80482	348	0.4	2045	5868.4
小店区	8983	165	1.8	953	5775.0
晋源区	3390	34	1.0	189	5607.8
清徐县	20634	150	0.7	903	6030.0
阳泉市	56857	118	0.5	75639	3271.0
平定县	21802	118	0.5	614	5202.1
长治市	235327	11503	4.9	37513	3261.0
郊　区	8232	28	0.3	161	5811.7
长治县	19411	561	2.9	3004	5355.0
襄垣县	30063	1054	3.5	3215	3051.7
屯留县	34188	1128	3.3	4158	3687.5
平顺县	10719	1255	11.7	2384	1899.8
黎城县	16207	2929	18.1	8287	2829.3
壶关县	16174	268	1.7	996	3720.0
长子县	30540	1134	3.7	7059	6226.7
武乡县	27140	725	2.7	1156	1593.8
沁　县	25215	522	2.1	1485	2845.1
潞城市	17437	1900	10.9	5605	2949.8
晋城市	197254	58583	29.7	176517	3013.1
城　区	3316	2010	60.6	6222	3095.1
沁水县	30401	7676	25.3	18727	2439.6
阳城县	39258	12668	32.3	37843	2987.4
陵川县	20882	278	1.3	791	2840.2
泽州县	66668	30499	45.7	96209	3154.5
高平市	36728	5451	14.8	16724	3068.1
晋中市	273058	14165	5.2	59320	4187.8
榆次区	32535	300	0.9	1582	5280.0

续表

地区	农作物总播种面积/hm²	小麦播种面积		小麦产量	
		面积/hm²	占比/%	总产量/t	单产量/(kg/hm²)
榆社县	16754	14	0.1	15	1079.7
左权县	11592	43	0.4	195	4500.1
太谷县	27017	2586	9.6	14279	5522.3
祁县	25820	2511	9.7	14130	5627.6
平遥县	38909	439	1.1	2140	4875.0
灵石县	14876	3347	22.5	6877	2054.6
介休市	25055	4925	19.7	20102	4081.6
运城市	686446	342633	49.9	1309197	3821.0
盐湖区	63017	27460	43.6	101676	3702.7
临猗县	61073	26776	43.8	116723	4359.2
万荣县	55193	28473	51.6	75408	2648.4
闻喜县	69623	42198	60.6	121189	2871.9
稷山县	52545	26819	51.0	108401	4041.9
新绛县	49629	26425	53.2	109234	4133.7
绛县	40019	21297	53.2	58779	2760.0
垣曲县	27991	15699	56.1	41315	2631.7
夏县	53585	22577	42.1	108415	4801.9
平陆县	34761	19499	56.1	51670	2649.9
芮城县	66176	32530	49.2	137157	4216.4
永济市	79545	36584	46.0	196037	5358.6
河津市	33287	16297	49.0	83194	5105.0
临汾市	512809	225936	44.1	838049	3709.2
尧都区	52744	30363	57.6	124956	4115.4
曲沃县	33852	15762	46.6	71983	4566.9
翼城县	43370	22689	52.3	92300	4068.1
襄汾县	81173	42676	52.6	177026	4148.1
洪洞县	73887	42413	57.4	181359	4276.1
古县	14718	6348	43.1	16329	2572.4
安泽县	23743	1300	5.5	2962	2278.7
浮山县	26303	15360	58.4	36016	2344.8
吉县	11864	3844	32.4	7294	1897.5

续表

地区	农作物总播种面积/hm²	小麦播种面积		小 麦 产 量	
		面积/hm²	占比/%	总产量/t	单产量/(kg/hm²)
乡宁县	27473	13726	50.0	35348	2575.2
大宁县	10705	555	5.2	502	904.1
隰 县	21115	45	0.2	55	1222.6
汾西县	23665	11352	48.0	17784	1566.6
侯马市	14131	7067	50.0	33867	4792.5
霍州市	18650	12437	66.7	40268	3237.9
吕梁市	352751	4196	1.2	14135	3368.4
文水县	31638	231	0.7	1077	4654.0
交城县	9522	41	0.4	185	4500.1
石楼县	25899	467	1.8	672	1440.0
交口县	9876	11	0.1	12	1095.3
孝义市	27928	3307	11.8	11796	3567.5
汾阳市	39587	139	0.4	393	2820.0

根据 2013 年《山西省农村统计年鉴》的资料统计，全省有冬小麦和春小麦，春小麦主要在山西省的北部，如大同、朔州等地区，分布较少，但冬小麦的分布较广，种植面积较大，从南到北主要分布在大同、朔州、忻州、太原、晋中、吕梁、阳泉、长治、临汾、晋城、运城等。

由表 1-2 和表 1-3 可以得出，山西省主要以冬小麦为主，种植面积较大，覆盖的面积也较广，而春小麦种植面积较少，仅在山西省的北部地区，如忻州、朔州等。春小麦的种植面积仅占全省小麦种植面积的 0.1%。另外，由表 1-2 中的数据分析可知，2013 年冬小麦种植面积较大的是运城地区（约占全省小麦种植面积的 49.9%）和临汾地区（约占全省小麦种植面积的 44.1%），其次为晋城市（29.2%）、晋中市（5.2%）、长治市（4.9%）、吕梁市（1.2%）等。

表 1-3　　　　　　　　2013 年山西省各地区春小麦生产情况

地区	农作物总播种面积/hm²	小麦播种面积		小 麦 产 量	
		面积/hm²	占比/%	总产量/t	单产量/(kg/hm²)
忻州市	427211	221	0.1	1079	4875.0
原平县	56684	221	0.4	1079	4875.0

根据同一地区的小麦播种面积和总播种面积的资料可以看出，太原市小麦播种面积占当地作物总播种面积的 0.4%、阳泉市为 0.5%，长治地区为 4.9%，

晋城地区为 29.7%，晋中市为 5.2%，运城地区为 49.9%，忻州区为 0.1%，临汾区为 44.1%，吕梁区为 1.2%。运城和临汾地区近一半播种面积种植的小麦，其次为晋城区，近 1/3 的耕地种植小麦。

从表 1-2 和表 1-3 中还可以看出，不同地区小麦每公顷的产量差别较大，原因是多方面的，比如各地的气象条件不同、小麦的品种不同，另外，小麦的灌溉施肥情况各异等，都会影响到小麦的产量，若灌溉施肥都适当，每公顷的产量就能增加，有些地区产量较低，可能小麦的有效灌溉面积较少。

第二节 水 资 源 概 况

一、自然概况

山西省气候环境方面，全省地处北纬中间部分的黄土高原上，平均海拔在 1000m 左右。由于远离海洋，距离最近的天津港海岸线有 500 多 km，属于典型的温带大陆性气候，干旱半干旱特征明显。冬季受西伯利亚和蒙古来的寒流影响，北部降温明显，季风气候明显，四季分明，常年平均降雨量相对较少。气候冷暖适宜，年平均气温在 4～14℃，既有纬度气候变化，气温垂直差异也比较明显。山西省最南方和最北方温度差异明显。春季风沙多，冬季干燥寒冷，夏季炎热、雨水充足，整年易涝易旱。由于地处华北西侧，属中国整体地形的第二阶梯中部，南部地形气候时空分布和水热状况明显好于北方。冬季温度普遍在 0℃ 以下，整体气候温暖适宜，植被相对比较稀疏，山地纵横交错，宜林宜牧。山西省是中国中部地区重要的能源重化工基地，山西省 2009 年人均水资源总量是 250m³。全世界极度缺水标准是人均水资源 500m³，山西省人均总量只有这个标准的一半，属于严重极度缺水的地区。

统计调查结果表明，2009 年山西省年降水量为 779.38 亿 m³，其中地表水为 47.67 亿 m³，地下水是 76.15 亿 m³，重复计算量是 38.06 亿 m³，总水量是 85.76 亿 m³。与 2003 年第二次水资源评价结果相比较，多年平均降水量减少了 15.62 亿 m³，降幅为 1.96%；地表水减少了 38.12 亿 m³，降幅为 43.9%；地下水减少了 7.85 亿 m³，降幅为 9.3%；总水量减少了 38.04 亿 m³，降幅为 30.7%。

全省年降水量在 358～621mm，四季降水时空分布不均衡，主要集中在 6—9 月，往往引发暴雨山洪，山区降水多，几大盆地降水少；北部地区风沙侵蚀严重，流域内水土流失严重，干旱经常性大面积成片出现，时间长范围广，缺水严重，水土保持形势严峻。植被易被破坏，山区少植物区域在雨水冲刷下易成千沟万壑形态，降水从西北和北部向东南方向逐渐增多，从东部来的湿润气流带来丰富的降水占全年降水的大部分。山区降水比平原丰富，夏季由于气温高，水循环转化剧烈，昼夜温差大，植被生长受降水多寡影响强，干旱年份多，农作物产量各年份波动较大。

山西省河流体系分别属于海河流域和黄河流域，其中海河流域面积为59133km²，黄河流域为97138km²。各分支河流众多，河流在省内向低地汇聚，裹挟大量的泥沙，季节性降水容易形成短促而湍急的山洪。海河水系大部分分布在山西省北部地区，主要有桑干河、滹沱河和漳河；黄河水系分布在全省南部和西部，主要河流包括：涑水河、三川河和昕水河（表1-4）。

表1-4　　　　　　　　　　山西省主要河流基本情况

河流名称 （所属流域）	流域面积 /km²	长度 /km	多年平均径流量 /亿 m³	径流模数 /[m³/(s·km²)]
汾河（黄河）	39471	695	25.10	2.02
沁河（海河）	9315	326	13.50	4.59
涑水河（黄河）	5569	193	2.17	1.24
三川河（黄河）	4161	143	2.81	2.17
昕水河（黄河）	4326	174	1.71	1.36
桑干河（海河）	15464	252	6.66	1.23
滹沱河（海河）	14284	330	15.90	2.68
漳河（海河）	11688	237	11.60	3.15

二、水资源的特点

1. 水资源总量少，人均、亩均占有水平低下

山西省水资源总量约占全国水资源总量的0.5%；2009年人均水资源量不到全国人均水平的1/5，耕地面积平均水资源量不到全国水平的1/9。在这种不利的先天自然条件下，各地区的用水规模持续增长，经济社会发展与资源环境的矛盾越来越尖锐，在相当长的一段时间里，总的趋势不会发生重大的变化，水资源短缺的矛盾会长期存在。

2. 常年以干旱为主，年降水量变化幅度大，各季节降水差异明显

山西省水资源特征是各年份经常连续干旱，农作物由于严重缺水导致粮食歉收，农业损失严重，人畜饮用水困难，农民和农业收入大幅度下降；城市、厂矿企业和居民生活等都受到严重影响。年内各季节降水分布不均衡，其中主要集中在夏、秋季节，主要降雨量出现在6—9月，降水集中，雨量充沛，多发洪涝灾害和山洪。春旱经常出现，严重影响粮食作物的生长发育。山西省部分站点历年降雨量的统计情况可知（图1-1），山西省各年份降水变化差值大，省域范围内情况大体类似，同旱同涝，不利于相互调剂和协助解决水资源的各项问题。

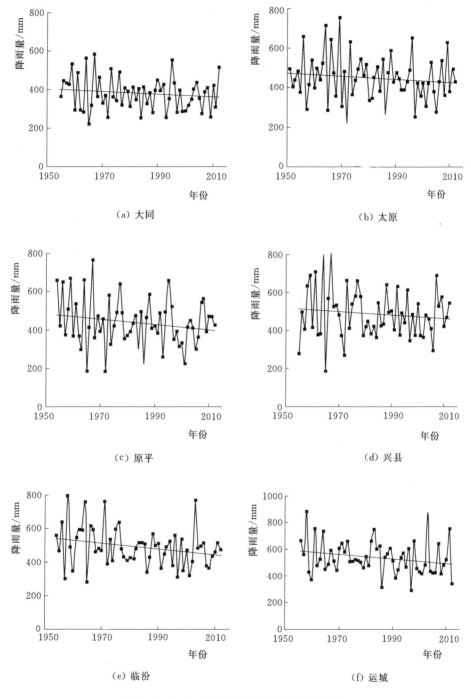

图 1-1（一）　山西省部分站点历年降雨量

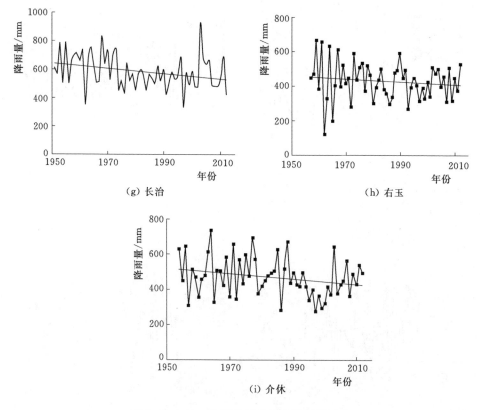

（g）长治　　　　　　　　（h）右玉

（i）介休

图 1-1（二）　山西省部分站点历年降雨量

3. 水资源地域差异显著

受冷暖气团的交互影响，山西省降水地域分布差异明显。山区多，盆地少。全省范围内，雨水集中在几个大山脉区，如太行山、吕梁山、五台山和中条山。省内西部少，东部多，区域降水量地域差异大。山西省典型站点（1983—2012年）多年平均降雨量及小麦生育期内多年平均降雨量见表 1-5 和图 1-2。

表 1-5　　　　　　山西省典型站点多年平均降雨量及小麦生育期内

多年平均降雨量表（1983—2012 年）　　　　　单位：mm

地区	年平均降雨量	小麦生育期平均降雨量	备注
大同	378	157	春小麦
右玉	429	168	春小麦
原平	439	172	春小麦
兴县	486	183	春小麦
太原	454	155	冬小麦
介休	470	149	冬小麦

续表

地区	年平均降雨量	小麦生育期平均降雨量	备注
临汾	488	178	冬小麦
长治	556	233	冬小麦
侯马	488	214	冬小麦
运城	536	243	冬小麦
阳城	614	265	冬小麦

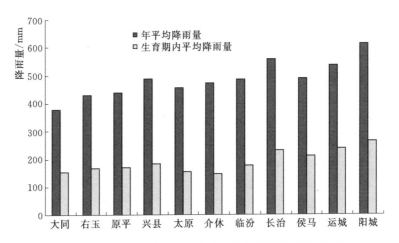

图 1-2 山西省各地区年平均降雨量与小麦生育期平均降雨量（1983—2012 年）

由图 1-2 可以看出，山西省多年平均降雨量基本上从北向南逐渐增加，最北部的大同不足 400mm，最南部的阳城可达到 600mm；各地区小麦生育期内的降雨量不足当地全年降雨量的一半，基本上也是从北向南逐渐增加，晋中小麦生长期降水量最小。

三、水资源开发利用概况

长期以来，山西省部分地区，尤其是山区交通不便的地区，存在着水资源量少、生态脆弱、开发成本高、吃水困难和日常饮用水不能达标的威胁。经过多年的供水安全工程建设，有效解决了 1500 多万人的饮用水安全问题，完善了灌溉区域水利建设，改善了区域生态环境，增加了有效农田灌溉，水利工程建设，减轻了雨季洪水的危害，降低了山洪等自然灾害的发生率。

21 世纪前 10 年，山西省水资源开发利用率已经超过 50%，远远高于 40% 高开发利用的标准，地表水开发利用率已经超过了 40%，主要河流的利用率都已经很高，不少流域水资源开发已经达到极限，仅有部分小流域还有开发前景，但潜力有限。全省的盆地区域，由于工农业和人口的聚集，地下水资源的开发利用规模在不断扩大，开采强度早已超过了全国平均水平，超采地下水已经成为常态，而且朝加剧的方向发展，见表1-6。部分地、市、县工业企业高耗水产业发展对地下水资源严重超采，破坏了隔水层，形成了地下水降落漏斗，并有加剧的趋势，造成对地下水资源的根本性破坏，致使地面沉降严重，部分河湖断流或干涸，造成人类活动与资源环境的矛盾越来越突出。

表1-6　　　　　　　　　山西省地下水开发利用情况

地区	地下水利用量		农业灌溉用水					工业及城镇用水		农村生产及生活用水	
	数量/万 m³	占比/%	数量/万 m³	占比/%	其中当年地下水开采			数量/万 m³	占比/%	数量/万 m³	占比/%
					纯井灌	万亩灌区中井灌	机电灌站中井灌				
山西	340950	49.8	183852	26.8	108889	56715	18248	121787	17.8	35311	10.4
黄河流域	218472	48.6	112196	25.0	63295	33931	14969	81782	18.2	24495	11.1
海河流域	122478	52.0	71656	30.4	45594	22784	3279	40005	17.0	10816	8.8
太原市	34509	74.2	6131	13.2	3063	2297	771	25092	54.0	3286	9.5
大同市	35468	66.7	18635	35.0	13987	3119	1529	14185	26.7	2468	7.0
阳泉市	4353	49.3	1279	14.5	879	92	309	2082	23.6	992	22.8
长治市	25065	59.6	8397	20.0	7564	560	273	13583	32.3	3085	12.3
晋城市	23371	65.9	4273	12.1	3223		1050	15555	43.9	3543	15.2
朔州市	28327	60.5	21526	46.0	16168	5306	52	5315	11.4	1486	5.2
晋中市	42741	54.5	28362	36.2	13313	13369	1680	9475	12.1	4904	11.5
运城市	67547	54.6	46578	37.6	34332	3278	8968	14803	12.0	6166	9.1
忻州市	24450	54.0	20568	45.4	6256	13410	902	2757	6.1	1125	4.6
临汾市	30472	47.5	17025	26.5	8372	6663	1990	8895	13.9	4552	14.9
吕梁市	24647	49.0	11077	22.0	1732	8621	724	10045	20.0	3524	14.3

注　1. 占比是指地下水利用量占总用水量的比例。
　　2. 农村生产用水指农业灌溉之外的农村生产用水，包括畜禽养殖、农村企业加工等用水量。

　　水利工程建设关乎山西省经济和社会发展的全局，新中国成立后，省内农田水利建设比过去有了非常大的发展，水库建设取得了丰硕成果，现有水库736座，主要有汾河水库、漳泽水库、册田水库、后湾水库和文峪河水库等，总水资源可利用量达到了53亿 m³，配套了灌区的水利机械设备，对已建成的库区进行维护改造，部分地区坡地改梯田，并花大力气治理了水土流失和生态环境。对水资源开发和利用的规划必须依据山西省水资源利用发展的实际情况，山西省水利管理部门对水资源进行了总量的规划管理，因地制宜地安排了水利工程建设项目，比如万家寨水利枢纽工程，总投资60.5亿元，将黄河水引到缺水的山西省内陆城市中来，该工程建在山西省偏关县黄河口处，由水利枢纽工程、干线和连接段构成，总长度452km，预期每年从黄河调水12亿m³，每年向太原调水3亿多m³，圆满实现了对城市的持续供应水的任务，向大同、朔州等地每年调水近6亿m³。大大缓解了过境各地市区水资源短缺的矛盾，为当地经济社会发展注入了动力，并适时在沿途建设水利发电站，输水的过程实现了发电，增加了经济效益，节省了总投资费用。

在水资源利用节水技术方面，整体水平不高，部分供水设备年久失修，维护和保养成本高，工业废水重复利用率水平低，工业生产资源投入高，产出率相对较低，废水处理设备投资比例小，处理能力弱。不同水务管理机构协调能力差，不能及时有效统一管理，水资源合理使用监管还存在不少问题。

在农业节水灌溉方面，采取了讲究实际效益、加强管理的措施，实施了农业节水增效工程，在灌溉率、节水量、粮食产量等方面取得了显著的效果，节约了水资源，增加了农民收入，减少了生产性支出，提了农业整体收益。根据各地区的农业水土条件，调整优化了作物种植结构，提高了农业产出和收入。部分耕地由传统的玉米、高粱等高耗水作物种类转变为经济效益好的经济作物等，比如苜蓿、杂交谷子等。增加了农业水利基本建设，实施节水工程，降低了地下水的过量使用，增加了农业的综合经济效益。部分县市采用了先进的水资源利用技术和设施，培养和种植良种，合理田间施肥浇水。管理上实行了责任制，统一管理水利建设和规划。山西省万亩以上灌区的统计表见表1-7。

表1-7　　　　　　　　　　山西省万亩以上灌区的统计表

地区	合计		50万亩以上灌区		30万~50万亩灌区		5万~30万亩灌区		1万~5万亩灌区	
	处数	有效灌溉面积/10^3 hm²	处数	有效灌溉面积/10^3 hm²	处数	有效灌溉面积/10^3 hm²	处数	有效灌溉面积/10^3 hm²	处数	有效灌溉面积/10^3 hm²
山西	188	509.9	6	174.8	8	82.6	45	146.8	129	105.6
黄河流域	98	357.6	6	174.8	4	34.8	19	50.1	69	98.0
海河流域	90	152.3			4	47.8	26	96.8	60	7.6
太原市	10	12.1				0	1	4.5	9	7.5
大同市	24	33.7			1	6.7	5	12.4	18	14.5
阳泉市	1	0.9						0	1	0.9
长治市	16	20.4					4	13.6	12	6.9
晋城市	10	5.2							10	5.2
朔州市	15	40.2			1	12.1	6	18.5	8	9.5
晋中市	8	39.9			1	14.8	5	24.2	2	0.9
运城市	34	131.7	2	53.8	3	34.8	6	16.4	23	26.8

续表

地区	合 计		50万亩以上灌区		30万～50万亩灌区		5万～30万亩灌区		1万～5万亩灌区	
	处数	有效灌溉面积/$10^3 hm^2$	处数	有效灌溉面积/$10^3 hm^2$	处数	有效灌溉面积/$10^3 hm^2$	处数	有效灌溉面积/$10^3 hm^2$	处数	有效灌溉面积/$10^3 hm^2$
忻州市	30	58.8			1	14.2	8	29.6	21	15.0
临汾市	25	61.2	1	22.2	0		7	23.6	17	15.3
吕梁市	10	28.3	1	22.1	0		3	3.9	6	2.3
厅直单位	5	77.5	2	76.7	1	0		0	2	0.8

2009 年，山西省全年水资源总量达到 85.76 亿 m^3，其中地表水量 47.67 亿 m^3，地下水量 76.15 亿 m^3，年降水量为 779.38 亿 m^3。实际用水总量为 55.87 亿 m^3，按用途分类，其中农田灌溉用水 31.75 亿 m^3，工业生产用水 10.53 亿 m^3，城镇生活用水 7.33 亿 m^3，农村用水 3.18 亿 m^3，林牧渔业用水 3.08 亿 m^3，分别占总用水量的 56.8％、18.8％、13.1％、5.7％和 5.5％。

近年来，山西省地下水开发情况不容乐观，尤其是近些年，随着城市化和工业化的发展，资源开发规模扩大，超采地下水已经成为普遍情况，见表 1-6。地下水的过度开发利用，造成地表水源干涸和枯竭，天然水循环的补给不足，加剧了水资源短缺的矛盾和问题，生态环境受到极大的影响。山西省十年九旱，属于干旱半干旱气候，平常年份缺水严重。耕地面积中以旱地为主，黄土高原上森林植被覆盖率低，水土容易流失，气候干燥、蒸发剧烈。以山地地形特点为主，坡地面积广，水土流失严重，难以广泛推广机械化农业生产，小农农业经济模式仍占主导地位，农业投入人力多，资金投入比例少，技术含量不高，农业产出效益较低。从 20 世纪 70—80 年代开始，总水资源量大致每十年下降 10％，人均水资源量下降严重，相应每亩水资源量也跟着下降。能源重化工基地产业规模的扩大和产出能力的加强，对地下水的依赖越来越严重。地下水开发利用的规模越来越大，导致地下水位不断下降，地面沉降，农业干旱加剧，地下水利用工程量增加，部分现有取水供水设施报废，农业和工业总成本投入上升。

第三节 灌溉供水量概况

一、灌溉设施

为抗御干旱和发展工农业生产，从 20 世纪 50 年代开始，山西省大力发展灌溉农业，先后兴建了一批灌区、水井等灌溉设施，充分利用有限的水资源发展农业灌溉，为保证全省粮食丰收做出了巨大贡献。

根据《山西水利统计年鉴》，截至 2010 年年底，山西省有灌溉面积 1911.26 万亩❶，其中万亩以上灌区面积占 679.35 万亩，机电灌站灌溉面积 518.63 万亩，井灌区面积 568.71 万亩，小型水利面积达 144.57 万亩，见表 1-8～表 1-10。山西省实际灌溉面积的发展经历了一个比较曲折的过程。新中国成立前，全省灌溉面积只有约 369 万亩。1980 年，全省实际灌溉面积为 1503 万亩，其中大中型灌区灌溉面积 564.2 万亩。自 20 世纪 80 年代末期以来，全省农田实际灌溉面积呈持续下降之势。

表 1-8 山西省小型水利灌溉面积 单位：$\times 10^3 \text{hm}^2$

地区	小 型 水 利				
	总计	小型水库	自流渠道	挖泉截流	塘坝灌溉
山西	94.33	15.23	61.85	5.77	11.48
黄河流域	55.46	11.71	32.45	3.37	7.93
海河流域	38.87	3.52	29.40	2.40	3.55
太原市	1.31	0.20	0.79	0.21	0.11
大同市	10.68	0.31	7.98	1.29	1.10
阳泉市	2.27	0.06	1.95	0.15	0.11
长治市	7.32	1.22	5.38	0.26	0.46
晋城市	13.29	2.94	7.05	0.46	2.84
朔州市	5.17	1.46	2.22	0.32	1.28
晋中市	14.66	2.19	11.65	0.34	0.48
运城市	10.84	4.01	4.44	0.11	2.28
忻州市	7.27	0.51	6.33	0.11	0.32
临汾市	10.57	1.50	4.99	1.59	2.49
吕梁市	10.95	0.83	9.18	0.93	0.01

表 1-9 2010 年山西全省小型水利设施

地区	本年新增处数	累计达到处数	小型水库		自流渠道		挖泉截流/处	塘 坝	
			座数	库容/万 m^3	处数	干渠长度/km		处数	库容/万 m^3
山西	107	10744	446	66492.98	6289	8794.17	852	1580	4248.88
黄河流域	43	6125	258	41286.79	2952	4329.51	410	1040	2207.30
海河流域	64	4619	188	25206.19	3337	4464.66	442	540	2041.58
太原市	2	365	14	2698.00	247	257.72	36	33	121.62
大同市	1	820	62	3204.32	510	1328.63	126	122	376.44

---

❶ 1 亩＝666.67m^2。

续表

地区	本年新增处数	累计达到处数	小型水库		自流渠道		挖泉截流/处	塘 坝	
			座数	库容/万 m³	处数	干渠长度/km		处数	库容/万 m³
阳泉市	1	662	21	2797.10	505	630.00	69	80	94.68
长治市	5	850	58	11852.77	511	629.50	67	179	1075.43
晋城市	11	2279	90	14452.50	542	514.20	35	221	813.75
朔州市	2	165	23	5942.00	69	218.00	37	36	267.30
晋中市	57	1438	48	6976.80	1015	1278.57	139	266	272.98
运城市	12	1020	74	6445.47	589	1168.55	157	381	509.89
忻州市		1505	10	2503.50	1328	1146.53	42	149	302.32
临汾市	14	941	26	3205.19	476	805.80	99	93	365.91
吕梁市	2	699	20	6415.33	497	816.67	45	20	48.56

到 2005 年,全省实际灌溉面积仅为 1360 万亩,其中,使用地下水的井灌面积已达到 1020 万亩;而使用地表水的灌溉面积锐减到 340 万亩。为彻底缓解工农业用水紧张局面,2007 年,山西省省委、省政府启动实施了兴水战略,截至 2010 年年底,全省实际灌溉面积达到了 1710 万亩,创历史最高水平,使全省农业灌溉条件实现了较大的突破。

表 1-10　　　　　　　　　　山西省渠道防渗情况　　　　　　　　单位:km

地区	固定渠道长度					累计防渗长度				
	总计	万亩以上灌区	机电灌站	纯井区	小型水利	总计	万亩以上灌区	机电灌站	纯井区	小型水利
山西	109098	39003	24474	33369	5836	60443	15603	16157	22847	5836
黄河流域	69067	21174	19970	21826	3445	39074	8299	13410	13920	3445
海河流域	40031	17830	4504	11544	2391	21369	7304	2747	8927	2391
太原市	5493	2735	1470	1125	89	1972	814	397	672	89
大同市	12770	3603	1549	4864	723	7404	1811	1009	3861	723
阳泉市	914	35	271	33	204	447	28	190	25	204
长治市	6536	3532	1343	760	692	4237	2248	872	425	692
晋城市	2136	211	548	586	705	1581	108	378	391	705
朔州市	9868	3949	482	5046	124	5447	1121	268	3934	124
晋中市	12654	4883	1142	5134	590	6451	2446	503	2912	590
运城市	29128	2029	13830	10974	1489	20410	990	10526	7405	1489
忻州市	10169	6973	1002	1116	468	4142	2339	491	844	468
临汾市	11437	5851	2205	2577	384	5727	2483	1279	1581	384
吕梁市	7993	5203	632	1155	368	2625	1216	244	797	368

二、供水情况

根据山西省2012年《水利统计年鉴》，统计了山西省已建水库的情况，蓄水工程供水、引水工程供水、机电井工程供水、机电泵站工程等水利工程年供水量等情况，见表1-11～表1-17。

表1-11　　　　　　　　　　　山西省已建水库情况　　　　　　　　　　单位：万m³

地区	座数	其中			总库容	其中		
		大型	中型	小型		大型	中型	小型
山西	636	10	67	559	577778	287325	198308	92145
黄河流域	362	6	33	323	319034	158195	105348	55491
海河流域	274	4	34	236	258744	129130	92960	36654
太原市	17	2		15	90203	86600		3603
大同市	79	1	5	73	79143	58000	14130	7013
阳泉市	23		2	21	7192		4320	2872
长治市	76	3	8	65	105331	71130	20664	13537
晋城市	98	1	7	90	73350	39400	19573	14377
朔州市	29		6	23	22483		16541	5942
晋中市	75	1	12	62	60304	10358	40383	9563
运城市	101		4	97	18921		8718	10203
忻城市	49		8	41	23050		13894	9156
临汾市	59		8	51	46674		39093	7581
吕梁市	30	2	7	21	51126	21837	20992	8297

表1-12　　　　　　　　　　　山西省蓄水工程供水量　　　　　　　　　单位：万m³

地区	蓄水工程当年实际供水量	其中					
		农业灌溉	工业生产	城镇生活	乡村生活	生态环境	其他
山西	149655	72277	19217	1515	684	2918	53044
黄河流域	81781	48319	16969	853	451	2537	12651
海河流域	67874	23957	2248	662	233	381	40393
太原市	903	2	851		23		26
大同市	6845	4052	125		68		2600
阳泉市	709	342	139	214	3	11	
长治市	8418	7001	1097				320
晋城市	5078	2575	1006	90	237	1170	
朔州市	7619	7506	30	10	43	30	

续表

地区	蓄水工程当年实际供水量	其 中					
		农业灌溉	工业生产	城镇生活	乡村生活	生态环境	其他
晋中市	13840	8736	3194	928	119	633	230
运城市	2996	2778	153	24	10		31
忻州市	5332	5163	169				
临汾市	12188	6310	5791		78		9
吕梁市	13026	1705				428	10893
厅直单位	72701	26107	6662	249	103	300	39282

表 1-13　　　　　　　　　　　山西省引水工程供水量　　　　　　　　　单位：万 m³

地区	引水工程年供水量	其 中					
		农业灌溉	工业生产	城镇生活	乡村生活	生态环境	其他
山西	99010.03	71519.51	9320	1696.52	5350.76	1958	9165.24
黄河流域	61267.90	42070.68	3648	1334.52	3103.46	1948	9165.24
海河流域	37742.13	29448.80	5672	362.00	2249.30	1	
太原市	3806.90	3783.50			18.40	5	
大同市	7015.10	6203.80		190.00	621.30		
阳泉市	1456.83	1026.83	35	22.00	373.00		
长治市	6276.00	5179.00	331		766.00		
晋城市	4564.70	2757.70	941	144.00	722.00		
朔州市	8746.00	3859.00	4774		113.00		
晋中市	11489.90	9931.90	838	270.00	330.00	120	
运城市	2237.22	1760.22	335		142.00		
忻州市	13434.20	12907.20	12	30.00	485.00		
临汾市	15540.80	11438.00	1870	969.00	1253.80	10	
吕梁市	11675.14	9070.36	184	71.52	526.260	1823	
厅直单位	12767.24	3602.00					9165.24

表 1-14　　　　　　　　　　　山西省机电井工程供水量　　　　　　　　　单位：万 m³

地区	机电井年供水量	其 中					
		农业灌溉	工业生产	城镇生活	乡村生活	生态环境	其他
山西	343476.17	192682.05	68983.91	45856.82	34606.00	933.13	414.26
黄河流域	225570.52	118316.95	56918.13	25871.32	23625.73	434.13	404.26

续表

地区	机电井年供水量	其 中					
		农业灌溉	工业生产	城镇生活	乡村生活	生态环境	其他
海河流域	117905.65	74365.10	12065.78	19985.50	10980.27	499.00	10.00
太原市	34509.00	6131.00	20355.92	4736.08	3286.00		
大同市	36379.00	20388.00	1087.00	10412.00	4492.00		
阳泉市	4083.05	1093.50	1815.78	745.50	418.27		10.00
长治市	24856.00	8025.00	7723.00	6023.00	3085.00		
晋城市	22256.32	4913.00	9684.06	4828.13	2646.00	185.13	
朔州市	28327.00	21796.00	1835.00	2711.00	1616.00	369.00	
晋中市	46199.40	33708.90	5859.00	2659.50	3772.00	200.00	
运城市	67155.60	46051.60	8706.00	5662.00	6165.00	170.00	401.00
忻州市	23970.20	20457.20	488.00	479.00	2540.00	6.00	
临汾市	28060.20	17573.70	3592.00	3250.00	3638.50	3.00	3.00
吕梁市	24157.00	9020.75	7838.15	4350.61	2947.23		0.26
厅直单位	3523.40	3523.40					

表 1 - 15 　　　　　　山西省机电泵站工程供水量 　　　　单位：万 m³

地区	取水泵站当年实际供水量						
	总计	灌溉供水	工业生产	城镇生活	乡村生活	生态环境	其他
山西	92926.24	84690.75	4440.39	1292.62	2349.36	65.12	88.00
黄河流域	80852.24	75872.35	2562.39	607.02	1682.36	40.12	88.00
海河流域	12074.00	8818.40	1878.00	68506.00	667.00	25.00	
太原市	7280.34	6817.45	158.39	202.02	96.36	6.12	
大同市	2942.00	2707.00		150.00	80.00	5.00	
阳泉市	2589.00	446.40	1575.00	307.60	260.00		
长治市	2534.00	1768.00	288.00	217.00	261.00		
晋城市	3539.00	1834.00	857.00	191.00	581.00	23.00	53.00
朔州市	2096.00	2076.00				20.00	
晋中市	6870.50	6028.50	299.00	160.00	378.00		5.00
运城市	51356.00	50128.00	1198.00				30.00
忻州市	2573.80	229.00	15.00	35.00	227.80	1.00	
临汾市	8427.20	7980.00	27.00	30.00	380.20	10.00	
吕梁市	1461.40	1353.40	23.00		85.00		
厅直单位	1257.00	1257.00					

表 1-16　　　　　山西省不同水利工程年供水量　　　　　单位：万 m³

地区	供水总量	蓄水工程	引水工程	机电井	机电泵站
山西	685067.28	149654.84	99010.03	343476.17	92926.24
黄河流域	449471.20	81780.54	61267.90	225570.52	80852.24
海河流域	235596.08	67874.30	37732.13	117905.65	12074.00
太原市	46498.93	902.69	3806.90	34509.00	7280.34
大同市	53181.10	6845.00	7015.10	36379.00	2942.00
阳泉市	8837.78	708.90	1456.83	4083.05	2589.00
长治市	42084.00	8418.00	6276.00	24856.00	2534.00
晋城市	35438.13	5078.11	4564.70	222567.32	3539.00
朔州市	46788.00	7619.00	8746.00	28327.00	2096.00
晋中市	78399.80	13840.00	11489.90	46199.40	6870.50
运城市	123745.02	2996.20	2237.22	6715.56	51356.00
忻州市	45310.60	5332.40	13434.20	23070.20	25738.00
临汾市	64215.90	12187.70	15540.80	28060.20	8427.20
吕梁市	50319.06	13025.52	11675.14	24157.00	1461.40
厅直单位	90248.96	72701.32	12767.24	3523.40	1257.00

表 1-17　　　　　山西省水利工程给不同用户的年供水量　　　　　单位：万 m³

地区	供水总量	向农业供水	向工业供水	向城镇生活供水	向乡村生活供水	向生态环境供水
山西	685067.28	421168.94	101961.60	50360.51	42990.28	5874.06
黄河流域	449471.20	284579.31	80097.82	28665.41	28860.71	4959.06
海河流域	235596.08	136589.63	21863.78	21695.10	14129.57	915.00
太原市	46498.93	16734.04	21365.61	4938.10	3423.96	37.22
大同市	53181.10	33350.80	1212.00	10752.00	5261.30	5.00
阳泉市	8837.78	2908.63	3564.78	1289.10	1054.27	11.00
长治市	42084.00	21973.00	9439.00	6240.00	4112.00	320.00
晋城市	35438.13	12079.70	12488.46	5253.13	4186.00	1377.84
朔州市	46788.00	35237.00	6639.00	2721.00	1772.00	419.00
晋中市	78399.80	58405.30	10190.00	4017.50	4599.00	953.00
运城市	123745.02	100718.02	10392.00	5686.00	6317.00	170.00
忻州市	45310.60	400822.80	684.00	544.00	3252.80	7.00
临汾市	64215.90	43301.40	11280.00	4249.00	5350.50	23.00
吕梁市	50319.06	21149.29	8045.15	4422.13	3558.49	2251.00
厅直单位	90248.96	72701.32	12767.24	3523.40	1257.00	90248.96

第二章 小 麦 灌 溉 试 验

第一节 灌溉试验站基本情况

搞好农田灌溉节水工作是缓解山西省水资源紧缺的主要措施。全社会要建立一个节水型的社会供用水体系，而农田灌溉也必须建立一套适应本省特点的节水型农业灌溉体系，这是山西省灌溉试验工作的主要任务和目标。

一、灌溉试验站网分布情况

山西省的灌溉试验，20世纪50年代曾在临汾、晋中、忻定3个盆地建立了3个中心试验站，8个灌区结合本灌区灌溉工作的需要也成立了灌区试验站，开展了各种主要作物需水量与灌溉制度试验。后来因种种原因这些试验站都相继撤销，中断了这项工作。1978年恢复了该项工作，全省一些灌区陆续成立了灌溉试验站，全省灌溉试验站到1981年最多时曾达到50余个。1987年后，经过调整、充实，现在全省灌溉试验站基本稳定在20个左右，截至2016年，全省保留灌溉试验站17个，分别如下。

大同盆地：神溪、浑源、御河试验站；

忻定盆地：滹沱河、阳武河、小艮河试验站；

太原盆地：汾管局、潇河、文峪河试验站；

上党盆地：漳北试验站；

临汾盆地：汾西灌区、利民、霍泉试验站；

运城盆地：小樊、夹马口、红旗、鼓水试验站。

各试验站试验场地基本情况见表2-1。

二、历年开展的小麦灌溉试验项目

1. 灌溉试验站基本情况

山西省的作物需水量与灌溉制度试验基本上可分为两个阶段：1985年以前是沿用1956年水利部颁发的《灌溉试验暂行规范》进行试验，这个时期主要是充分供水条件下的灌溉试验，设计处理以控制全生长期或分阶段的土壤水分为标准，根据控制土壤水分高低来探求作物产量与总耗水量和阶段耗水量的关系，求出在充分供水条件下最高产量的相应总耗水量。为充分供水灌溉地区控制用水量，制定丰产灌溉制度（或称为充分供水灌溉制度）提供依据。

表2-1

山西省灌溉试验站试验场地基本情况表

地区	所在县	站名	试验站位置			土壤质地	田间持水量(占干土重比)/%	容重/(g/cm³)	孔隙率/%	土壤肥力			地下水位/m	无霜期/d
			经度(东经)	纬度(北纬)	海拔/m					有机质/%	含氮量/%	速效磷/ppm		
运城	临猗	夹马口	110°43′	35°09′	406	壤土	21.9	1.34	47	0.60	0.05	43.0	33	210
	平陆	红旗	111°12′	34°51′	360	壤土	22.0	1.41	46	0.70	0.07	4.0	100	200
	新绛	鼓水	111°13′	35°37′	447	壤土	23.5	1.35	51				17	201
临汾	临汾	汾西	111°43′	35°42′	449	中壤	26.5	1.42	47	3.20	0.10	27.0	2	191
	翼城	利民	111°30′	36°04′	576	中壤	23.3	1.41	47	1.74	0.08	15.0	7	210
	洪洞	霍泉	111°40′	36°10′	462	轻壤	24.6	1.46	45	1.46			4	189
晋中	榆次	潇河	112°36′	37°22′	787	中壤	27.1	1.40	46	1.34			8	156
吕梁	文水	汾管局	112°02′	37°04′	749	中壤	27.7	1.40	48	1.26			1～2	160
	文水	文峪河	112°03′	37°27′	760	中壤	23.4	1.47	46				33	160
晋东南	黎城	漳北渠	113°23′	36°31′	753	中壤	23.5	1.38	47	1.23	0.76	20.0	30	170
大同	大同	御河	113°20′	40°06′	1066	砂壤	22.5	1.50	49	1.30	0.06	4.9	6	130

1985年以后逐渐改变了这种试验方法，针对山西省严重缺水的特点进行了非充分灌溉试验，重点转移到研究作物全生育期或某一生育期，水分低于作物适宜生长的水分下限值的受旱试验，求其阶段缺水量和相应产量。根据作物各生育期的缺水系数和减产系数的比值或以表示缺水程度的相对耗水量与相对产量的灌溉水量，为制定限额供水的灌溉制度提供依据。同时进行了不同灌水次数和不同灌溉定额的灌溉制度试验。

全省灌溉试验以单因子试验为主，试验方法以田测为主、坑测为辅。在试验过程中尽量做到使各个处理的试验条件保持一致，以相同的耕种施肥标准进行试验，保证试验的准确性。

1985年以来，全省主要开展的小麦灌溉试验项目如下。

（1）小麦需水量（包括坑测与田测、棵间蒸发与叶面蒸发蒸腾的测定）与灌溉制度试验。

（2）小麦不同地力与施肥水平的灌溉制度试验。

（3）小麦限额供水的灌溉制度试验。

（4）小麦不同生育阶段受旱（该灌而不灌）对作物生长与产量的影响试验。

2. 冬小麦试验项目

（1）山西省小麦灌溉试验站情况。本次小麦试验成果分析依据的试验站有：大同市的御河、吕梁市的文峪河、晋中市的潇河和中心站、长治市的黎城、临汾地区的霍泉和汾西、运城地区的鼓水、夹马口和红旗试验站。

每个试验站观测的项目基本一致，主要包括每个试验站的土壤质地等基本情况、灌水时间和灌水次数、生育期、农业耕作措施、耗水量、生理生殖调查、土壤水分监测、不同发育阶段气象因素、植株生长、考种等。各试验站观测的项目见表2-2。

表 2-2 各试验站小麦灌溉试验观测项目统计表

站名	年份	观 测 项 目	处理数	生育期降水量/mm	生育期ET_0/mm
运城市夹马口试验站	2004	灌溉试验；生育期记录；农业耕作措施记录；耗水量计算；生理生殖调查；生长期灌水量统计；不同发育阶段气象因素统计；植株生长、考种表；土壤水分统计	5	116.2	543.2
	2005	灌水情况；生育期记录；农业耕作措施；耗水统计；生理生殖调查；历年不同发育阶段气象因素表；植株生长、考种表；土壤水分情况	5	102.0	525.7
新绛县鼓水灌区试验站	2004	气象因素；生长期灌水情况；土壤水分情况；耗水量计算；植株生长、考种表	5	191.4	473.2

续表

站名	年份	观 测 项 目	处理数	生育期降水量/mm	生育期 ET_0/mm
新绛县鼓水灌区试验站	2005	生长期灌水统计；生育期气象因素；耗水量计算；植株生长、考种表；灌溉试验成果统计	5	120.2	450.8
	2008	试验区基本情况；生育期气象因素；灌水情况；土壤水分情况；耗水量计算；考种表	6	96.0	429.8
黎城县漳北灌溉试验站	2003	试验区基本情况；生育期观察记载；田间管理记载；生育期气象因素统计；灌水情况；植株生长、考种表；生长要素观测汇总；耗水情况；土壤水分情况	5	133.7	450.2
平陆县红旗灌区	2003	农业措施；灌水情况；生育状况；气象要素；考种表	5	231.5	422.5
	2004	试验区基本情况；农业耕作措施；灌水情况；生育状况；气象要素；考种表	5	152.3	497.5
	2005	灌溉试验处理；农业措施记载；考种统计表；气象要素统计；阶段耗水统计；灌水情况	5	78.4	462.8
	2007	灌水情况；农业措施记录；考种表；气象要素统计；耗水统计；阶段模系数统计	6	92.1	481.2
临汾市汾西水利管理局试验站	2003	降雨量；蒸发量；灌水量；生育期及生育动态观测	5	167.3	372.5
	2004	耗水情况；生理指标实测，考种表	5	177.8	440.1
	2005	株高；穗长；单株叶面积；穗粒数；千粒重；小区产量；亩产量	5	112.4	420.2
	2008	试验田的基本情况；田间管理记载；小麦生育期内的气象条件；灌水情况；土壤水分测定；叶面积指数观测和考种测产；结果分析	6	172.0	410.3
文峪河水利管理局灌溉试验站	2003	基本情况；实验设计处理；水分、施肥、气象观测；小麦生育状况观测；作物产量及产量结构测定	5	199.0	380.4
	2004	实验设计处理；水分、施肥、气象观测；小麦生育状况观测；作物产量及产量结构测定	5	158.0	430.2
	2006	灌水情况；农业措施管理；试验田气象因素统计；生育阶段记载；株高调查；土壤水分情况；考种表	5	123.5	440.3
	2009	气象概况；田间耕作管理；试验设计处理；灌水情况；生育状况观测；耗水量与产量；考种表	5	112.2	478.2
洪洞县霍泉水利管理处灌溉试验站	2003	生理调控高效用水试验灌水处理；生理需水量灌溉试验成果；生理需水叶面积调查表；试验区基本情况；灌溉设计处理；田间耕作管理；土壤水分情况	5	214.1	358.1
	2005	气象概况；田间耕作管理	7	127.0	445.2
	2008	气象概况；田间耕作管理；试验设计处理；灌水情况；耗水量与产量；考种表	8	161.1	402.8

续表

站名	年份	观　测　项　目	处理数	生育期降水量/mm	生育期ET_0/mm
潇河水利管理局灌溉试验站	2003	生长期阶段耗水量统计；植株生长及产量结构；灌溉试验成果；土壤水分情况；试验田基本情况；生育期气象因素；田间耕作管理表	5	182.4	439.2
	2004	土壤水分测定；灌溉量水；田间观测调查；冬小麦生长期气候条件	5	157.4	450.3
	2005	土壤水分测定；灌溉量水；田间观测调查；田间栽培管理；冬小麦生长期气候条件	5	104.4	468.9
大同市御河灌溉试验站	2004	生育期记录；灌水情况；生长要素观测；土壤水分情况；考种表	5	120.0	495.8
	2006	生育期记录；灌水情况；生长要素观测；生育期耗水量；土壤水分情况；考种表	5	101.0	514.2
山西省中心灌溉试验站	2005	实验区的基本情况；试验处理设计；田间操作管理；小麦生育期内气象条件；灌水方法；土壤水分观测；考种测产方法	7	93.9	498.3
黎城县漳北灌溉试验站	2005	试验场地的基础数据；气象数据观测；土壤含水量及作物耗水量测定；棵间蒸发量；生长发育进程调查；冬小麦水分生理指标观测；冬小麦产量的调查记录	12	64.8	450.3
	2006	试验场地的基础数据；气象数据观测；土壤含水量及作物耗水量测定；棵间蒸发量；作物生长发育进程调查；水分生理指标观测；产量调查	7	169.9	495.3
	2008	试验场地基础数据；气象数据观测；土壤含水量及作物耗水量测定；棵间蒸发量；作物生长发育进程调查；冬小麦水分生理指标观测；冬小麦产量调查	7	524.0	489.5
山西省中心试验站	2005	实验区基本情况；实验处理设计；小麦生育期的气象条件；灌水情况；土壤水观测；土壤盐分、养分观测；结果分析	7	84.0	476.5

　　（2）小麦生育期内气候资源概况。根据各试验站邻近的气象站近50年的资料，选取了影响小麦作物需水量与产量较大的气象因子（如气温、风速、日照时数等）进行了统计分析，分别计算了各地区小麦生育期内各气象因子的平均值，见表2-3。冬小麦生长期天数与平均气温的关系，如图2-1所示。

　　全省自晋中、吕梁、长治、临汾到运城地区，基本上北部到南部，冬小麦生育期内的平均气温自北向南逐渐增加，从晋中地区最低的平均气温5.7℃到运城地区最高的平均气温10.2℃，各地区冬小麦的生长天数也相应地发生了变化，气温低的地区，生长的天数相对较长，如晋中地区平均生长天数为258d，而运城地区则约为236d，两地相差了20多天。山西省南部运城地区收获的时间为5月底到6月上旬，而山西省晋中地区则在6月下旬。平均日照时数和风速从北到南基本上相差不大，但是平均湿度从北到南逐渐增大。

表2-3　　　　山西省不同地区小麦生育期内各气象因子的平均值

作物名称	地区	试验站	播种期间/(月.日)	收获期间/(月.日)	平均生长天数/d	平均气温/℃	平均日照时数/h	风速/(m/s)	相对湿度/%
春小麦	大同	御河	3.22—4.6	7.17—7.21	108	15.30	10.1	3.67	47.1
冬小麦	晋中	中心站	9.23—10.19	6.15—6.30	258	5.70	9.58	2.69	57.0
		潇河	9.25—10.20	6.19—6.20	257				
	吕梁	文峪河	10.15—10.21	6.20	245	6.48	6.92	2.85	56.9
	长治	黎城	9.25—10.20	6.19—6.20	251	6.51	6.51	2.14	56.9
	临汾	霍泉	10.1—10.17	6.10—6.14	249	8.55	6.21	2.50	59.5
		汾西	10.5—10.11	6.7—6.17	246				
	运城	鼓水	10.5—10.11	6.8—6.10	250	8.90	5.50	1.89	61.9
		夹马口	9.26—10.15	5.25—5.31	235	10.21	6.60	2.61	62.9
		红旗	10.4—10.19	5.28—6.9	237				

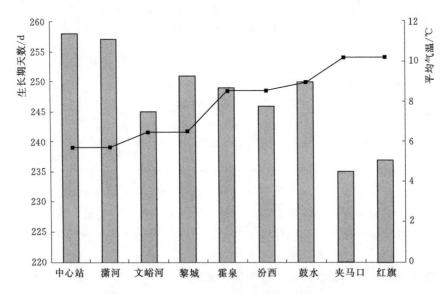

图2-1　冬小麦生长期天数与平均气温的关系

第二节　主要采用的灌溉试验方法

近代的灌溉试验开始就是借助农业试验的方法进行的。英国数学家费希尔（R. A. Fisher，1890—1962）曾长期在农业试验站工作，在 1920—1930 年，她将数学相关与回归理论在农业试验中进行了系统的应用，完善了相关分析与回归分析在生物学领域的应用，并在 1925 年与叶茨合作创立了试验设计方法。试验设计的核心，是由群体中用小面积科学抽样方法，使样品具有无偏性、一致性、有效性、充分性，试验成果用生物统计方法进行总结分析。随着世界灌溉试验研究队伍的扩大，本学科逐渐形成了自己的一套完整的方法。

田间试验属于现场试验，它以抽样理论为基础，用数理统计方法进行处理、观测、总结和分析。田间试验相对于室内的变环境试验而言，是灌溉试验的基本方法；它具有对于生产实践最有代表性、真实性的特点。这是其他试验方法所不能比拟的。任何其他方法的试验结果必须用田间试验校准，否则所得成果无法用于实践。

一、田间试验基本类型

灌溉试验是介于水利科学研究和农业科学试验中间的一门试验科学。它联结这两门学科，解决水利为农业服务中存在的一些理论和生产问题。它与水利研究和农业试验的不同点在于水利研究不涉及生物学，纯属土木工程范畴，农业试验纯属生物学领域，不涉及土木工程内容；而灌溉试验则是研究不同的灌溉方法和方案在农业上产生的经济效益和社会效益，获取水利工程规划、设计、管理所需要的依据参数及指导理论。所以，灌溉试验既有工程性质又必定具有生物试验的内容。

从农业科学试验分支的角度看，灌溉试验是一个单纯研究水因子对农作物影响的试验科学。所以，灌溉试验应该是单因子试验。但是在农业科学试验中，水、肥、土、种等诸多因素均影响作物需水量和产量，其中以水肥的交互作用影响最大，所以，灌溉试验中常常研究水肥的关系，目标是充分发挥水的经济效益。

1. 单因子试验

对试验中的一两个因素做试验处理，而其他诸条件均一致。灌溉试验大部分属于单因子试验，只对灌水因素作处理。如作物适宜土壤湿度试验，只试验不同土壤湿度对作物的影响；灌溉制度试验只研究不同的灌水量、灌水时间对作物产量的影响；需水临界期试验是研究作物对缺水最敏感生育阶段；不同灌水方法试验只对比喷、滴、渗、畦沟灌等灌水技术效果。单因子试验在没有处理的因素中一定要采用同样的试验边界条件，只有非处理因素最大限度的一致，才能较好地完成试验任务，获得处理因素的真实差异。单因子试验简单明了、便于分析，是灌溉试验中最常用的方法。

2. 多因子试验

对试验中两个或两个以上因素采取试验处理，其他条件一致。多因子试验在灌溉试验中常用在灌水因子的不同条件上，而不是用在农业生产的诸因素中，因为研究农业生产的诸因素效应已超出灌溉试验的范畴。例如，在小麦灌溉制度试验中可同时对灌水时期和灌水定额作不同处理，灌水时期可有苗期、拔节、抽穗、灌浆等不同处理，这样可组成一个二因素的正交试验。又如，水肥关系试验中，在上例中再加上追肥量处理，即可形成 4×3 的正交试验，该试验结果将显示最优产量是发生在什么时间灌水、相应的灌水量为多少、施肥量为多少。

灌水试验虽然就水因素本身是单因子，但在水的施用方法、时间、水量、水质、水温、含沙量、含肥（盐）量等很多方面也构成了水因素自身的多因子。所以，多因子试验在灌溉试验中被广泛应用。它能在较短的时间，在较少的测验小区上同时得出几个方面的试验成果。

3. 综合性试验

综合性试验属于多因子试验的范畴，但它又区别于多因子测验，综合性试验是几个试验因素组合成不同的处理，每个处理有不同因素，按优选法根据生产中已初步鉴别较好的配套组合在一起，把处理减少到最低数量。

另外，灌溉试验还可以按试验的期限分为一年和多年两种试验，例如，需水量试验须坚持多年甚至十几年，而灌水定额试验也可在一年内得到成果。按试验布点分为一点和多点试验，如研究区域性的需水量等值线图则需要多点联合试验。按试验小区的大小分，又可分为小区和大区试验，大区试验多用于中间试验或推广试验。

二、田间试验的基本原则

田间灌溉试验是通过定点试验来取得灌溉规划、设计、管理，从而指导高水平大面积生产所需要的科学依据。试验的成果要有代表性、可靠性和再现性。

1. 代表性

灌溉试验研究的问题同地貌、地形、土壤、作物、气候等自然因素密切相关，试验点要选择能代表解决那个问题所在地区的自然特点，使得试验成果在当地推广应用有较大的代表性。同时要注意将来成果应用时的边界条件，在试验中要尽量创造这样的条件。例如，在灌水技术试验中，沟畦水的入渗模型与气象、作物等因素相关不大，主要与地面坡度及土壤质地有关，在试验设计中要尽量体现相应的地形及土壤条件。

代表性也要体现在试验的主体上，选择试验的目标要与当地实际需要相结合，在试验小区布置上要有足够重复，试验中观测取样一定要体现代表性，田间试验的基本规则要多点科学布置，要有无偏性、一致性、充分性，以能保证试验代表性。

2. 可靠性

可靠性是指在试验方案正确前提下观测数据要标准可靠。主要表现为准确度和精确度。准确度试验中的观测值与事物原来的真实数据的接近程度，两者越接近越准确。但原来事物的真值是不易测定的。所以，准确度指重复观测的统一事物在数值上的接近程度，越接近精准度越高。精确度是可以计算的，在试验的多次观测中没有系统误差，则精准度与准确度相一致，所以要尽量在试验中提高观测的精确性。试验的精度来自认真执行操作技术，避免发生人为误差，注意观测边界条件的同一性，缩短观测时距以及避免多人观测中的错误。在试验处理明显，不处理的因素及条件最大限度地保持一致性方面都要一丝不苟。只有这样才能提高试验的精度，增加试验成果的可靠性。

3. 再现性

再现性指试验成果在相同条件下重复试验仍能取得与原试验相同的结果。试验成果的再现性十分重要，没有再现性的成果是无法推广应用的，成果再现性的前提是试验的代表性和可靠性。灌溉试验与作物、地貌、地形、土壤、水文、气象等多种因素相关。在试验中必须注意这些因素的实际及其变异情况的记载，做好试验档案，按试验要求，严格执行试验操作规程，以提高试验精度。灌溉试验要求取得不同水文年系列结果，一年的资料失败将带来无法补救的损失，也就不能更准确地反映事物的规律性。影响灌溉试验的条件非常复杂，且多处于动态变化中，试验成果取得的环境条件必须作清楚的解释，使应用者能根据自己的条件作适当的选择。

三、小麦需水量试验

1. 小麦需水量概念

小麦需水量作为衡量小麦水分供应状况的一种指标，是研究一个地区的麦田水分平衡的重要参数。在联合国粮农组织编写的《作物需水量》一书中，作物需水量定义为："为满足健壮作物因蒸发蒸腾损耗而需要的水量深度。这种作物是在土壤水分和肥料充分供应的大田土壤条件下生长的，并在这一环境条件中发挥全部产量的潜力。"在《中国主要作物需水量与灌溉》一书中，作物需水量的定义被描述为："作物需水量系指作物在适宜的土壤水分和肥力水平下，经过正常生长发育，获得高产时的植株蒸腾、棵间蒸发以及构成植株体的水分之和。"可以看到，尽管这两段描述所用言词有所不同，但所表述的内容是完全一致的。作物需水量的定义反映了作物需水量的两个重要内涵：一是作物需水量的组成，即作物需水量等于植株蒸腾量、棵间蒸发量及构成植株体的水分之和；二是确定作物需水量所需的条件，即水分条件和肥力条件适宜，作物生长健壮，可获得最大产量。

小麦需水量由植株蒸腾量、棵间蒸发量和组成植株体的水量三部分组成。植株蒸腾量是指从植株叶片表面（或其他部位）散失至大气中的水量，这些水分的散失过程与植株的生理活动密切相关，并受植株生理活动的控制。棵间蒸发量是指直接从棵间土壤表面（有水层时直接从棵间水面上）散失的水量，其散失过程与植物的生理活动没有直接的关系。组成植株的水量是指参与了植株的光合作用及其他生理过程，并最终成为植株组成部分的水量。由于蒸腾量和棵间蒸发量相比，组成植株体的水量很少，一般不足耗水总量的1%，所以计算小麦需水量时通常可以忽略不计，而将小麦需水量简化为植株蒸腾量与棵间蒸发量之和。这一数值称为蒸发蒸腾量，也有人称为蒸散量、腾发量、蒸散发量或农田总蒸发量等。小麦需水量一般以一时段或全生育期所消耗的水层深度（mm）或单位面积上所消耗的水量（m^3/hm^2）表示。

在农田灌溉领域和小麦-水分关系研究中，小麦需水量与小麦耗水量是关系极为密切又非常容易混淆的两个术语，研究时应区分清楚。小麦需水量是小麦生长在最佳环境中，并最大限度地充分发挥产量潜力状态下所需的水量，这种最佳环境的取得和最大产量潜力的发挥需要各方面的条件都处于最适水平，包括播种时间和密度、土壤肥力水平、水分供给状况、病虫害防治等。而小麦耗水量是指小麦在任一土壤水分和肥力条件下的植株蒸腾量、棵间蒸发量和构成植株的水量之和，在这种情况下，小麦可能生长良好，也可能由于供水不适、肥力不足或病虫害防治不当而生长不良。显见，两者含义有明显不同，小麦需水量只是小麦耗水量的一个特定的数值，即在各项条件处于最适状态下的小麦耗水量值。需要指出的是，小麦需水量与小麦耗水量的定义中均不含农田水分消耗中的深层渗漏（或田间渗漏）部分。对于小麦而言，深层渗漏会造成水分和养分流失，一般是无益的，合理的灌溉应尽可能杜绝深层渗漏的产生。由于深层渗漏（或田间渗漏）量与供水量多寡、土壤结构和质地、水文地质条件等因素有关，考虑起来比较复杂，因此，研究时一般将腾发量与渗漏量分别进行计算。

小麦需水量或小麦耗水量中的一部分靠降水供给，另一部分靠灌溉供给。但灌溉需水量并非仅仅是小麦需水量与有效降水量之差这样简单的算术关系。一般来说，灌溉需水量主要由两部分组成：一是除了天然降水外，为了保证小麦正常的生理活动，维持小麦正常生长发育所需的适宜土壤水分条件而应通过灌溉补充供给的水量，即通过灌溉补充土壤原有贮水量、有效降水量及地下水利用量不能满足小麦蒸发蒸腾那部分的水量；二是为了保证小麦正常的生理活动所需地上、地下适宜环境条件所需额外增加的灌溉用水量，主要包括冲洗盐碱所需的淋洗需水量，植株降温或防干热风、防霜冻以及创作良好生态环境等方面所需要的水量，以及耕作、施肥、栽培管理（如喷洒农药等化学制剂）等所需额外增加的水量。

2. 影响小麦需水量的主要因子

影响小麦蒸腾过程和棵间蒸发过程的因子都会对小麦需水量产生影响。蒸腾过程中，植株从土壤中吸取水分并传输至叶片，然后在气孔腔中蒸发，最后经过气孔进入大气，这一过程受外部环境的物理条件与植株的生理过程共同控制；水分从液态转化为气态要消耗能量，其转化速率主要受能量供给强度影响；蒸发过程形成的水汽要扩散进入大气，其扩散速率由大气的水汽饱和度和运动状况决定；此外，蒸腾过程中散失的水分需要植株的根系不断从土壤中吸收，并传输至蒸发发生部位，这一过程与植株的生理过程密切相关，受植株的生理过程控制。棵间蒸发过程与小麦的生理过程没有直接关系，主要由外部物理条件决定。总之，影响因子很多，其中的主要影响因子可以概括为以下几个方面。

（1）气象因子的影响。小麦需水量在很大程度上有所处环境的气象因子状况决定。气象因子决定着小麦需水量的潜势，及小麦最多需要多少水，而其他因子则决定着这种潜势的现实程度。影响小麦需水量的气象因子主要是太阳辐射、温度、空气湿度和风速。

1）太阳辐射。蒸发蒸腾过程中水分由液态转化为气态所需的能量主要来自于太阳辐射。太阳辐射越强，小麦蒸发蒸腾的速率越高。但当太阳辐射太强时，小麦根系的供水速率可能满足不了叶面蒸腾的需求，这时叶片上的气孔开度可能会减小，甚至关闭，蒸腾速率也相应降低。

可用于蒸发蒸腾过程的太阳辐射量受所处的地理位置、一年中的日序、实际日照时数、云层状况、植被的反射率等因子影响。这些因子也通过对太阳辐射量的影响而对小麦需水量产生影响。

2）温度。温度与太阳辐射量高度相关，因而与小麦需水量的相关程度也很高。许多分析结果表明，小麦需水量与气温呈线性或指数关系。但温度对小麦腾发量的影响并非完全通过太阳辐射而间接起作用。温度与小麦的一些代谢过程的强弱密切相关，在一定的范围内，温度越高，代谢越快。日本一些研究者的研究结果表明，在植株冠部蒸腾环境保持不变的情况下，根温的迅速降低会导致蒸腾速率的迅速下降，而根温恢复原初状态后，蒸腾速率也恢复至正常。可见温度在蒸腾过程中起着重要的作用。

3）空气湿度和风速。气体扩散的有关定律指出，水汽扩散速率与存在的水汽浓度梯度成正相关，与水汽扩散过程遇到的阻力成反相关。空气湿度主要与驱动水汽扩散的水汽浓度梯度相关。空气湿度低时，叶面与大气之间的水汽梯度就大，水汽扩散速率高，蒸腾量增加。在这样的条件下，棵间蒸发量也会增加。腾发量都增加，小麦需水量会相应变大。反之，空气湿度高时，蒸腾量、蒸发量及小麦需水量都会降低。风速与水汽扩散过程中阻力的大小密切相关，它对蒸发蒸腾过程的影响也主要是通过对这一阻力的影响实现的。风速越大，水汽扩散阻力越小，蒸发蒸腾过程越强。风速降低，蒸发蒸腾速率也相应降低。但这种关系只适于一定的范围，风速太大时，气孔开度会减小，甚至完全关闭，使蒸腾减少或完全停止。这一调节过程是由植株的生理过程控制的。

在实际的蒸发蒸腾过程中，上述各因子的作用往往是结合在一起共同表现出来的。某时间或地点、某一因子可能起主导作用，而另一时间或地点则可能是其他因子的影响更为显著。在估算小麦需水量的许多模式中，常常将上述各因子综合在一起加以考虑，以大气蒸发力表示。

（2）小麦生物学特性的影响。蒸腾过程是通过小麦体的水分散失过程，其数量与小麦的生长发育状况密切相关。蒸发过程虽然主要在小麦棵间进行，但其水分散失量受小麦生长状况的影响也很大。因此，小麦需水量的大小与小麦本身的发育状况有着密切的联系。

小麦的需水模式和其他作物的差异表现在许多方面。一是生育过程所处的时期不同，如小麦主要在秋冬春生长，有的则主要在夏秋生长，如夏玉米。不同的环境条件使得需水量出现较大差别。二是生存所要求的水分环境不同，有的作物耐旱，可以在缺水条件下生长，有的作物则喜湿，要求在较湿润的条件下种植，从而造成需水量的不同。三是作物的需水特性有明显差异，比如小麦、大豆等 C_3 作物与玉米、谷子等 C_4 作物相比，日需水过程就不完全相同。C_3 作物生存所需要的水量比 C_4 作物多。C_3 小麦日出后蒸腾速率便迅速增加，很快达到较高数值，并在日落前仍保持在较高的水平。C_4 作物蒸腾速率的迅速增加出现在 11 时左右，到 16 时则急剧下降，峰值明显比 C_3 作物要窄。因此小麦的平均日需水量比 C_4 作物高 1 倍多。

小麦不同生育时期的需水量也有很大差异，主要表现在两个方面。一是需水量的组成结构明显不同。对于大多数一年生小麦，在生长开始时棵间蒸发量在总腾发量中所占比例通常很高。随着植株生长，小麦群体不断加大，叶面积指数迅速提高，棵间蒸发所占比例也迅速下降。小麦对地面形成完全覆盖后，腾发量要远远地超过蒸发量，成为总腾发量的主要组成部分。二是需水量数值有较大差异。在排除了大气蒸发力变化的影响后，一年生小麦的需水量与生育时期的关系非常密切。在小麦生长初期，由于群体较小，尽管棵间蒸发量较高，但总需水量并不大。随着小麦生长，群体增大，叶面积增加，需水量也不断增大。完全覆盖地面后，需水量通常也达到最大。小麦的叶面积指数通常能在很长一段时间内保持稳定，使得小麦需水量在较长时间内保持较高水平。小麦开始成熟后叶片衰老过程加快，叶面积指数急剧下降，需水量也迅速降低。多年生小麦由于群体比较稳定，所以生育时期对需水量的影响不像一年生小麦那么剧烈。只是像苜蓿那样不断收割的多年生小麦，在收割后到再次形成充分覆盖的一段时期内需水量才会出现较大的变化。

（3）其他因子的影响。除了气象因子和小麦因子外，小麦的耗水过程还受其他一些因子的影响，主要包括土壤水分状况、耕作栽培措施及灌溉方式等。这些因子对小麦需水量的影响主要是通过对小麦棵间蒸发的影响而实现的。

1）土壤水分状况的影响。棵间蒸发消耗的水分直接来自于土壤，蒸腾过程消耗的水分是由植株通过根系从土壤储水中吸取，因此土壤水分状况与小麦需水量的大小关系密切。前面的定义中已明确规定，小麦需水量是小麦需求得到充分满足条件下的水分消耗量，因此只有在土壤水分始终处于适宜于小麦生长的范围内时，才会对小麦的蒸腾过程不产生明显的影响。但在腾发量不受影响的土壤水分范围内，棵间土壤蒸发量会随着水分管理状况的不同而有所变化。土壤蒸发量会随着土壤含水量，特别是表层土壤含水量的增加而增加，这种情况在一年生小麦的苗期更为显著。因此，在土壤表层频繁湿润的水管理体系下，或是在降水和灌溉后的一个短时期内，小麦需水量都会明显增大。

2）耕作栽培措施的影响。一些耕作栽培措施会使土地表面状况发生变化，影响小麦耗水过程，从而影响到小麦需水量。广泛采用的中耕保墒措施，一级秸秆和地膜覆盖措施，可以明显减少棵间蒸发量，从而使需水量有所降低。这些措施的作用程度差异较大，表层土壤含水量高时的作用要比含水量低时的作用明显得多，另外小麦生育初期的作用相对较大些，在生育中后期相对小些。

3）灌水方法的影响。不同灌水方式下，地面的湿润程度及频度都不相同，因而棵间蒸发所占的比重有明显的差异，这会引发小麦需水量的变化。特别是滴灌条件下，土壤只是局部的湿润，可以明显地减少棵间蒸发量，所以滴灌条件下的小麦需水量比喷灌和地面灌溉条件下的要低些。

3. 小麦需水量试验

小麦需水量指小麦在适宜的土壤水分地力水平经过正常生长发育获得高产消耗的最小水量，由植株蒸腾、棵间蒸发、植株含水量组成，需要通过多处理试验寻优获得。构成植株组织所需的水量很少，因此，在计算小麦需水量时一般忽略不计。对于小麦而言，小麦需水量计为小麦整个生长期间植株蒸腾与棵间土壤蒸发的水量之和。

（1）小麦需水量试验场所。开展小麦需水量试验的场所应当具有如下条件。

1）小麦需水量试验场应选在开阔、平坦的田间，在试验场周围不宜有高大建筑物、森林与地表水体等。

2）在试验场四周要有一定的缓冲区，缓冲区的面积至少为试验场的 400 倍，一般试验场边缘缓冲区的宽度，在主风向上应不小于 200m。缓冲区内种植的小麦应与试验场一致。

3）缓冲区地面与试验场地面在同一平面上，小麦冠层高度一致。

4）一个完整的小麦需水量试验场应包括有器测区、坑测区、田测区、气象观测场等。各测区之间除了留有必要的人行道外，还应有种植小麦的保护区，这样在表面上看去，应是一片完整的、生长着小麦的农田，看不到设备，以尽量减少边际效应的影响，这样测定的结果才具有很好的代表性，接近大田实际。

5）在观测场之外，还应备有供水系统。包括有水源工程如井、蓄水设施等，输水设备如压力罐、供水管道、量水设备等。

（2）小麦需水量的测定。根据需水量的定义，小麦需水量试验是寻找获得最佳产量（或最大利益）下的小麦耗水量，试验需要编制试验方案，设定不同生育期、不同灌溉水量，计算每种方案的耗水量，选择最高产量下的耗水量作为当地当年的小麦需水量，需要多次试验才能准确获得需水量值。任一种灌溉制度下通过水量平衡计算的植株蒸腾、棵间蒸发水量统称小麦耗水量，它不是小麦需水量，只有在最高产量下消耗最小水量的那个处理才是寻求的小麦需水量。

测定小麦需水量，依据试验设备的不同可归纳为 3 种方式（或方法），即器测法（过去亦称为筒测法）、坑测法和田测法。器测法是通过直接称量种植有小麦的试验设施来测定小麦蒸腾蒸发量，即小麦需水量；坑测法是利用专门建设的测坑（可隔绝测坑内土体与外部土体的水量交换，加设防雨棚还可消除降水的影响）测定土体水量平衡方程要素，而后利用水量平衡法计算确定小麦需水量；田测法就是直接在大田内观测水量平衡各要素，而后用水量平衡法计算确定小麦需水量。三种方式各有优缺点，也各有其适用的条件与环境。器测法测定的结果比较精确，能够快速、准确的反应需水量的变化过程。但规模大的器测设备（如大型称重式蒸渗仪）成本很高，运行管理要求条件严格；而简易的器测设备虽然成本较低，但其代表性和准确性也都较低，与实际生产有较大的差异。坑测法是一般小麦需水量试验场较为通用的测定小麦需水量的方法，建设成本适中，也易于操作管理，精度也能满足需要，但由于监测设备的精度所限，一般只能测定以旬或月为时段长度的小麦需水量，无法像器测法测定小麦日需水量的变化。田测法直接在大田内测定小麦需水量，成本低，结果代表性好，但易受环境条件，特别是降水过程的影响，试验结果的理想程度难于控制，有时精度及准确性也无法保障。另外，像坑测法一样，无法测定小麦的日需水量及其日内变化过程，只能确定较长时段内的小麦需水量。

山西省近年来小麦需水量的测定主要采用的是田测法，下面重点介绍田测法。

田测法是通过在大田内布设相应的试验直接测定小麦需水量，通常小区面积比较大，一般可达 0.2～0.5 亩或更大。田测法的最大优势是试验条件十分接近大田实际，测定结果有较高的真实性与较强的代表性。但田测法的应用受环境影响很大。由于很难测定地下水的补给量，因此，通常要求布置试验的田块地下水埋深要在 3～5m 以下。另外，由于无法控制降水的影响，因此，需要同步测定有效降雨量，当试验区的地下水埋深高于 3～5m 时，还需要设置其他装置同步测定地下水利用量，给试验增加了难度。

田间法计算小麦耗水量：

$$ET_{1-2} = 10\sum_{i=1}^{n}\gamma_i H_i(\theta_{i1} - \theta_{i2}) + q + P_e + K \qquad (2-1)$$

式中：ET_{1-2} 为某时段内的作物需水量，mm；P_e 为计算时段内的有效降雨量，mm；K 为计算时段内的地下水利用量，mm；q 为计算时段内土壤水分通量，mm；i 为划分的第 i 层土壤；n 为土壤划分的总层数；γ_i 为第 i 土层土壤的容重，g/cm³；H_i 为第 i 层土壤的深度，m；θ_{i1}、θ_{i2} 分别为第 i 土层在时段始、末土壤的平均含水量，%。

土壤含水量的测定，通常是在地块内均匀布点，用中子水分仪或用土钻取土样观测，取多点的平均值。灌水量可用水表测量，也可用量水堰测定。有效降雨与地下水利用量可用专门的仪器设施测定。在地下水埋深大于 3～5m 的地区，地下水利用量可以忽略不计，无需专门测定。

下面介绍其他观测项目及观测方法。

1）土壤水分物理参数的测定：主要有田间持水量和土壤容重。田间持水量用同心圆铁环或在田间围土埂灌水后观测，也可取土样用离心机或压力薄膜仪测定；土壤容重直接在大田或测坑内取土样测试，一般按土壤剖面发生层次确定取土层次，深度以覆盖含水量计算层次为准，一般需要 1.5～2m。

2）土壤化学性质或肥力条件测定：通常需要测定土壤含盐量以及 N、P、K 及有机质含量。

3）气象要素测定：根据规范要求测定有关气象要素。

4）土壤含水量测定：可用钻土取样，或中子仪、TRIME 等专用仪器分层测定土壤含水量，一般分为 0～20mm、20～40mm、40～60mm、60～80mm、80～100mm 等层次测定，深度为 1.0m。视需要可加深到 1.5m 或 2.0m。

5）灌水量测定：一般通过在供水管道上安装水表测定灌水量。采用田间测法通过渠道供水时，可用量水堰等设施进行测量。

6）其他测定项目：包括小麦生育期、生长情况、产量及产量构成、棵间蒸发量、有效降雨量及地下水利用量等。

四、灌溉制度试验

灌溉制度包括小麦的灌水次数、灌水时间、灌水定额（每次灌水的水量）以及灌水定额（全生育期灌水量）。灌溉制度试验的任务就是研究小麦实现高产时的灌水时间、灌水量与灌水次数，或者研究某一有限供水条件下小麦产量达到较大值的灌水时间、灌水量与灌水次数。为农田水工程规划、设计和管理提供基础数据。

我国是一个受季风影响的国家，除西北降水小于 500mm 的灌溉农业区外，我国大部分地区由于受季风气候影响，降水呈单峰型分布，变率很大，长江以北大部分属于补偿灌溉农业。不同水文年小麦灌溉制度不同，灌溉试验需要给出适合不同水文年的灌溉制度，为灌区管理部门提供制定用水计划参考，以此向上级管理部门、向流域管理单位提供用水计划申请。

灌溉制度试验一般采用田间对比试验的方法，把不同的灌溉处理（灌水量、灌水时间、灌水次数的不同组合）配置在不同的田间小区实施，通过对小麦生长状况、产量和需水量资料的分析，比较不同组合的优劣确定合理、节水、高产灌溉制度。在考虑灌溉处理时，结合当地农业生产实际情况、生产水平进行适当配置，并以当地现状、通用的措施作为对照。

（一）小麦充分灌溉制度试验

山西省主要开展小麦灌溉制度试验，小麦灌溉制度试验以田间小区试验为主。与需水量试验类似，小区周边应当有足够宽度的保护区，保护区的小麦与试验小区的一致，农事管理等与试验处理区同时进行。

1. 试验处理

针对某一生产问题进行处理。如研究冬灌对小麦生长的影响，可将冬灌时间，冬灌定额分不同等级进行组合，以不同冬灌为对照进行试验。该问题比较单一，可由此研究冬灌时间与灌水定额的作用和效果。又如研究小麦全生育期的灌溉制度，可根据定时不定量、定时定量、定量不定时等原则，分不同生育期分配灌水量进行组合处理，例如在北方冬小麦区一般年份或干旱年份大约总共灌 3~4 次水，这样可用如下几个灌水量时间，结合当地情况组合不同的处理。

播前水、冬灌、返青灌、拔节灌和孕穗灌浆水，比较选出最优的灌溉制度。根据土壤水分不同确定不同的土壤水分下限进行处理：土壤水分的下限可根据占田持百分数确定不同等级，如 50%、60%、70%、80% 等，通常，计算的计划湿润层深度苗期为 40cm、中期为 60~80cm、后期为 80cm，利用田间持水量与下限差值计算灌水定额。

土壤计划层深度是计算灌水定额重要的参数，不同生育期计划湿润层深度不一样，要通过小麦不同生育期的小麦根群分布，进行观测分析确定，用占植物最大根深百分比 0~20%、20%~40%、40%~60%、60%~80%、80%~100% 来划分。在小麦各个生育期取根，进行根量测定，而后计算不同层根系重量占总根量的比例，综合分析确定主要根群分布层，以此确定计划湿润层深度。

由于降雨的随机性，定时定量方法通常要结合小麦适宜土壤湿度控制灌水时间或数量。其中，适宜土壤湿度或提前试验确定，或者与灌溉制度试验同时进行。

小麦适宜土壤湿度是指充分满足小麦生物生长最佳状态时土壤含水量，高于或低于该值，都将影响小麦最大收获量（对不同小麦收获目标不同，如果实、茎叶产量、花卉品质、块茎价值等）。获取该值为精准灌溉提供标准，为灌溉自动化、智能化提供依据。

适宜土壤水分试验必须在人为控制水分条件下进行，要隔绝降雨与地下水的影响。适宜土壤湿度应该考虑交互影响，适宜湿度是指对小麦的最终目标的适宜程度，前期的适宜可能影响后期，例如，小麦苗期的蹲苗可能对后期形成籽实更有利，所以，试验要作交互试验处理。适宜土壤水分试验一般采用盆栽或坑测进行试验。

（1）盆栽法，盆栽的形式类似于需水量筒测试验，但深度一般为 50～60cm，不宜太深，否则称土很笨重。每个盆内配置不等的水量（如 40%、50%、60%、70%、80% 田间持水量等）处理，研究期间可分生育期控制，也可全生育期控制。用称重法或埋设土壤湿度传感器等方法测定土壤水分。

（2）坑测法，利用已有的测坑，设定不同等级的土壤水分下限值进行不同处理。土壤含水量上下限要在设计目标值的附近，不宜太宽，如果太宽就无法区分各处理的差异，但为了寻找最佳点，处理要多。试验方法可采用均匀试验法。坑内土壤水分一般用传感器测定，以便实现对土壤湿度的连续观测和自动采集。

计算土层的深度可参考计划湿润层深度资料，分生育阶段确定。通过土壤水分与小麦生长发育的关系，对产量构成因素、生理指标、土壤肥力、热状况与通气状况的影响，综合分析确定适宜的土壤水分析适宜值。通过小麦灌溉制度试验还可以分析确定小麦对水分的敏感期、敏感指数等。

2. 灌溉制度试验测试项目

（1）土壤水分测定：一般分层次测定 0～20cm、20～40cm、40～60cm、60～80cm、80～100cm。测定次数视观测仪器不同设置，间隔时间 5～10d。

（2）植株生物学的测定：各生育期测定株高、叶面积、根系、籽实的形成过程、测产、考种、产量调查等。

（3）灌溉水量：计量灌水量。

（4）小气候测定：地温、棵间湿度、温度、风速、光照等。

（5）土壤养分与通气条件的调查。

（6）气象要素的观测记载（用气象站资料即可）。

（二）小麦非充分灌溉制度试验

1. 试验目的与意义

小麦的不同生长阶段对水的反应亦不同，甚至有很大差异。一般地说小麦在出苗、开花与产品形成期比生长初期与生长末期对水更加敏感。根据实验可以求得小麦不同生长期对缺水的敏感系数，其缺水敏感系数大的时期可以称为需水临界期，也就是说此期缺水对小麦产量影响最大。这样在水资源不足时，将有限量灌在需水临界期，而在其他时期不灌水或少灌水，可使小麦有较好的生长，产量损失较少。这就是需水临界期的意义，也即非充分灌溉含义所在。我国是灌溉文明最古老的国家，古人在灌溉实践中积累了丰富的经验，对小麦蓄水关键期也有很多农谚：如"麦要浇芽，菜要浇花""寸麦不怕尺水，尺麦但怕寸水""春分麦起身，肥水要紧跟""稻花要雨，麦花要风""高粱开花连天旱，坐在家里吃好饭""清明前后一场雨，豌豆麦子中了举""有钱难买五月旱，六月连阴吃饱饭""立秋下雨万物收，处暑下雨万物丢"等。20 世纪 70 年代以来，水资源短缺凸显，世界各国转向节水型劣态与亚劣态性试验，开展了一系列的非充分灌溉研究，寻求在非充分灌溉条件下的小麦灌溉制度。我国在 20 世纪 80 年代开展小麦关键水的研究，进而开始了非充分灌溉问题的研究。

非充分灌溉研究可分为 3 个阶段。一是定性研究阶段，就是所谓需水临界期研究，此时仅明确小麦某一时期的需水临界期，在水源不足的条件下，只要确保临界期这一水源，就可以获得较好的产量，产量损失较小。但此研究阶段没有量的概念，不便进行灌溉配水优化。二是定量研究，研究某一时期缺水与缺水量，对产量的定量的影响，获取水分生产函数，亏水程度与相应的产量损失。三是大灌溉系统灌溉配水优化阶段，"以产定水"或"以水定产"，在水资源有限的情况下如何统筹规划优化配水效益最高。

2. 试验方法

试验主要在测坑或田间小区进行，通常要有防雨设备，这是实施该试验的关键措施。根据小麦的生育期进行水分处理，如冬小麦可分为：苗期、越冬期、返青期、拔节期、孕穗灌浆期。每个生育期设计一个干旱处理（如土壤水分下限较适宜土壤水分下限值低 30%～40%），该处理的其他生育期都按适宜土壤水分下限供水。通过对生长发育的调查与产量结果的分析，比较确定干旱对产量影响的最大时期，亦即缺水敏感期或关键灌水时期。一般每一种小麦可确定 1～2 个缺水敏感期，如小麦为拔节期，棉花定为花铃期等，该试验通常要重复 3～4 次，便于方差分析和进行水分生产函数研究。

3. 观测项目与试验结果分析

（1）观测项目，同充分供水灌溉制度试验。

（2）试验结果分析，通过比较，确定水分敏感期、灌水关键期。对水分敏感期，可以从试验结果直接分析，并利用水分生产函数模型，分析不同生育期的敏感系数。灌水关键期则要结合降水资料对比分析，可给出试验年的灌水关键期。

第三章　灌水对小麦产量及耗水量的影响

第一节　灌水对小麦产量的影响

一、灌水量对小麦耗水量的影响

根据山西省大同御河、吕梁地区的文峪河、晋中地区的潇河和中心站、长治地区的黎城、临汾地区的霍泉和汾西、运城地区的鼓水、夹马口和红旗试验站小麦的试验观测资料，分析了山西省小麦各试验站产量和耗水量之间的变化特点。

由山西省各试验站小麦产量和耗水量的关系（图3-1）可以看出，随着耗水量的增加，小麦的产量显著增加，但是若耗水量达到一定程度后，小麦的产量达

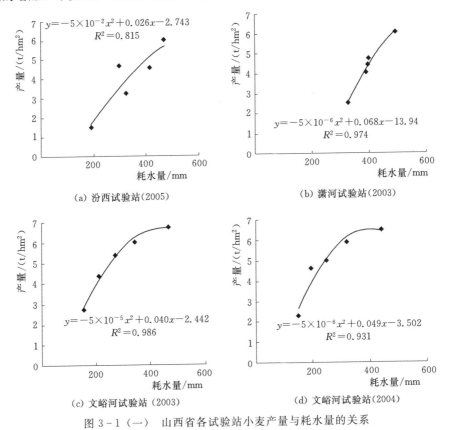

（a）汾西试验站（2005）　　　　（b）潇河试验站（2003）

（c）文峪河试验站（2003）　　　　（d）文峪河试验站（2004）

图3-1（一）　山西省各试验站小麦产量与耗水量的关系

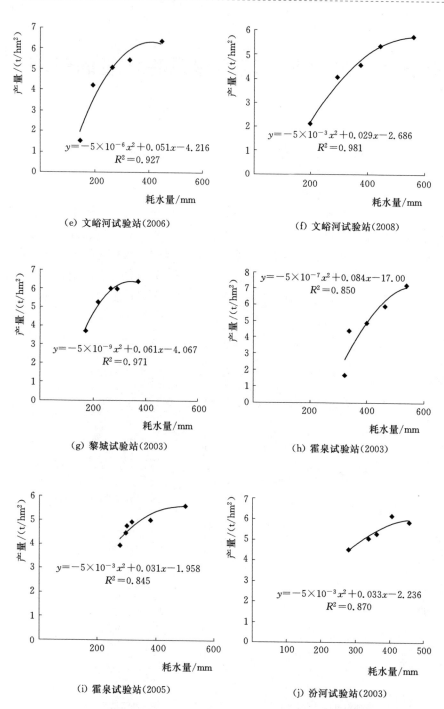

（e）文峪河试验站（2006）　　　　（f）文峪河试验站（2008）

（g）黎城试验站（2003）　　　　（h）霍泉试验站（2003）

（i）霍泉试验站（2005）　　　　（j）汾河试验站（2003）

图 3-1（二）　山西省各试验站小麦产量与耗水量的关系

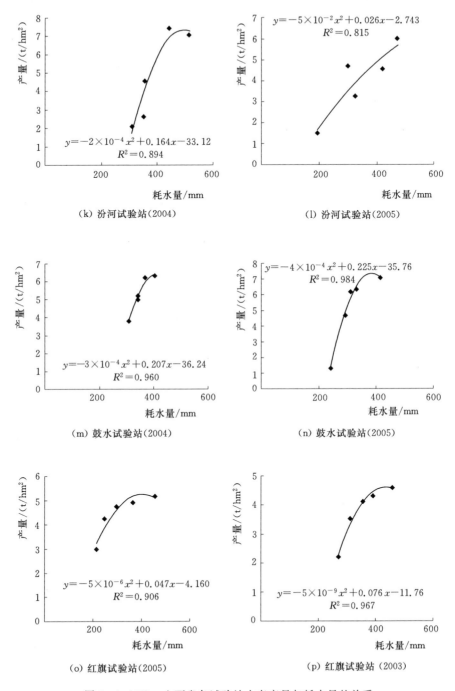

(k) 汾河试验站 (2004)

(l) 汾河试验站 (2005)

(m) 鼓水试验站 (2004)

(n) 鼓水试验站 (2005)

(o) 红旗试验站 (2005)

(p) 红旗试验站 (2003)

图 3-1（三）　山西省各试验站小麦产量与耗水量的关系

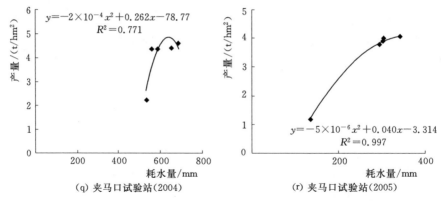

(q) 夹马口试验站(2004)　　　　　　(r) 夹马口试验站(2005)

图 3-1 (四)　山西省各试验站小麦产量与耗水量的关系

到最大值后再降低，如文御河站、临汾站、运城夹马口、黎城站等试验站。可见，产量随着耗水量的增加而增加，增加到一定程度后产量随耗水量的增加而减小。其他试验站，如潇河站、黎城站、临汾站、运城站等，小麦的产量随耗水量的变化规律基本一致，即产量随耗水量的增加先增大后减小。

　　以上结果表明，耗水量增加能显著提高小麦籽粒产量，而耗水量的多少和当地的降雨量和灌水量有关，对于同一地区，降雨量基本一样，因此耗水量的多少与灌水的数量有直接关系，通常小麦的耗水量随灌水量的增加而增加，因此适量灌水可以显著提高小麦籽粒产量，但过量灌水则会导致籽粒产量下降。

二、不同年份小麦产量与耗水量相关关系

　　在分析小麦产量与全生育期腾发量关系的基础上，利用全省 10 个试验站田测灌溉试验资料，采用回归分析的方法，提出了春小麦和冬小麦分区产量与耗水量的关系，见表 3-1。这些试验结果从统计学的角度给出了小麦最大产量及其相应的小麦腾发量，为确定小麦需水量提供了参考依据，也为农田灌溉经济用水的初步分析提供了依据。

表 3-1　　　　　　山西省各试验站不同年份小麦产量和耗水量的关系

作物	地区	年份	公　式	R^2	实测最大耗水量/mm	实测最大产量/(kg/hm²)
春小麦	大同御河	2003	$y=0.0075ET^2+0.8607ET+1197$	0.4765	403.5	3705.0
		2005	$y=0.041ET^2-26.52ET+6316$	0.9910	581.7	4807.5
冬小麦	晋中中心站	2004	$y=-0.0279ET^2+33.664ET-5184.6$	0.9001	500.4	5044.5
		2005	$y=0.0256ET^2-5.2872ET+1874.9$	0.8948	371.6	3676.5
		2008	$y=0.0077ET^2+2.0563ET+3013.1$	0.5485	471.3	5662.5
	晋中汾西	2005	$y=-0.0183ET^2+26.447ET-2743.9$	0.8154	471.6	6000.0
	晋中刘胡兰	2004	$y=0.0224ET^2-6.3881ET+3320.5$	0.9593	462.6	5082.0

续表

作物	地区	年份	公　式	R^2	实测最大耗水量/mm	实测最大产量/(kg/hm²)
冬小麦	晋中潇河	2003	$y=-0.0575ET^2+68.907ET-13948$	0.9744	493.7	6034.5
		2004	$y=0.0123ET^2-0.5127ET+2311.7$	0.8322	543.9	5656.5
		2005	$y=0.001ET^2+9.3358ET-180.45$	0.9760	486.0	4549.5
	吕梁文峪河	2003	$y=-0.0457ET^2+40.845ET-2442.4$	0.9867	466.8	6720.0
		2004	$y=-0.0624ET^2+49.94ET-3502.2$	0.9319	441.9	6477.0
		2006	$y=-0.0626ET^2+51.366ET-4216.7$	0.9279	450.6	6360.0
		2008	$y=-0.0263ET^2+29.744ET-2686.9$	0.9811	564.3	5760.0
	长治黎城战	2003	$y=-0.0891ET^2+60.962ET-4067$	0.9711	367.2	6375.0
		2008	$y=-0.1022ET^2+144.28ET-42135$	0.0507	693.9	11272.5
	临汾霍泉	2003	$y=-0.0737ET^2+84.35ET-17007$	0.8501	543.9	7200.0
		2005	$y=-0.0323ET^2+31.229ET-1958$	0.8459	500.1	5628.0
		2008	$y=0.0191ET^2-9.1134ET+5312$	0.3881	380.4	3549.0
	临汾汾河	2003	$y=-0.034ET^2+33.529ET-2236.9$	0.8709	408.0	6150.0
		2004	$y=-0.1666ET^2+164.18ET-33121$	0.8946	441.5	7425.0
		2005	$y=-0.0183ET^2+26.447ET-2743.9$	0.8154	471.6	6000.0
		2008	$y=-0.0083ET^2+23.363ET-672.5$	0.9171	404.5	3371.7
	运河鼓水	2004	$y=-0.2523ET^2+207.48ET-36249$	0.9602	407.4	6345.0
		2005	$y=-0.2952ET^2+225.64ET-35763$	0.9849	412.8	7095.0
		2008	$y=-0.1715ET^2+135.03ET-19738$	0.9243	426.9	7005.0
	运城夹马口	2004	$y=-0.2054ET^2+262.13ET-78774$	0.7711	686.3	4620.0
		2005	$y=-0.0565ET^2+40.915ET-3314.9$	0.9971	340.7	4050.0
	运城红旗	2003	$y=-0.0884ET^2+76.139ET-11764$	0.9679	456.5	4629.0
		2004	$y=-0.0586ET^2+47.013ET-4160.2$	0.9061	453.3	5193.0
		2005	$y=-0.0654ET^2+44.048ET-2390$	0.9941	344.6	5046.0
		2007	$y=-0.0149ET^2+15.081ET+77.411$	0.9884	161.0	4902.8

　　由表 3-1 可以看出，即使在同一地区，但不同年份的小麦产量随耗水量的关系也不相同，这点从图 3-1 中也可以看出，虽然各地的基本规律相似，即随着耗水量的增加产量先增大后减小，但同一地区不同年份的产量耗水量的关系曲线不同，主要原因是每年的气象条件不同，如降水量每年都不同，产量随耗水量的增加，但是增加的幅度不同。大量分析结果表明，不同站点和不同年份，经验系数变化较大，难于推广应用。为此，人们选择相对产量和相对耗水量，建立小麦产量与供水量的关系。

三、小麦生长期土壤水分动态变化规律

　　土壤是由固体液体与气体物质组成的三相复合体，土壤水分既是土壤肥力的载体，又是植物赖以生存的主要因素之一。不仅植物体需要吸收大量的水分来完成自身的生理功能，而且土壤中营养物质的溶解、转化、运输以及土壤中微生物的生命活动都与土壤水分密切相关；土壤水是联系地表水与地下水的纽带，在水资源的形成、转化与消耗过程中，它是不可缺少的部分。作为当今重点研究的环境保护问题、水资源匮乏问题，无一不与土壤水分发生联系。因此对土壤水分的研究，不管是从土壤物理学角度还是节水灌溉的观点来分析，都具有重要的现实意义。

山西省各地区小麦试验站开展了不同灌溉处理对农田土壤水分运动影响的实验，通过农田灌溉试验可以了解该地区农田土壤水分的运动情况以及小麦的蒸腾变化规律，为该地区制定合理的节水灌溉制度、更好地利用水土资源提供理论依据。

1. 土壤水分随深度的变化情况

根据潇河站、黎城漳北站、新绛鼓水站和运城夹马口站的土壤水分在不同阶段随深度变化的情况，选择了充分供水处理和不灌水处理两种情况下土壤含水量的变化情况。虽然各地区不同年份土壤的含水量不同，但是各站土壤水分在同一阶段的变化趋势具有相似的规律。播种期各个站的情况均是充分灌水和不灌水的土壤含水量随深度基本上一致。表层（0～20cm）土壤含水量为 16％～18％，20cm 以下的含水量比表层要大，基本上维持在 22％～24％，即田间持水量范围内。在越冬阶段，由于充分灌溉处理进行了越冬水的灌溉，所以同一深度处灌水处理比不灌水处理的土壤含水量要大，0～60cm 土壤的含水量随着深度变化较大，0～40cm 含水量逐渐增加，40～60cm 含水量逐渐减少，60cm 以下的含水量基本保持不变。基本上各个时期的变化具有相似的变化规律，即充分灌水的比不灌水的土壤含水量大，但土壤含水量在深度上的变化趋势相似。0～60cm 是土壤含水量变化较大的土层，尤其是 0～40cm 的土层含水量变化最大。图 3-2～图 3-7 为各试验站不同时期土壤含水量随深度的变化图。

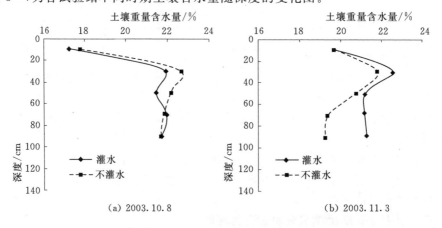

(a) 2003.10.8　　　　　　　　(b) 2003.11.3

图 3-2（一）　潇河试验站小麦生育期土壤重量含水量随深度的变化

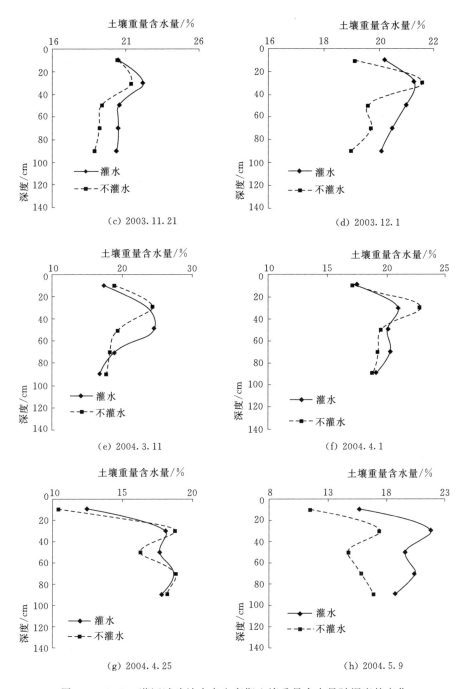

图 3-2（二） 潇河试验站小麦生育期土壤重量含水量随深度的变化

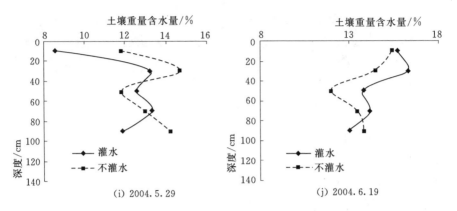

图 3-2（三）　潇河试验站小麦生育期土壤重量含水量随深度的变化

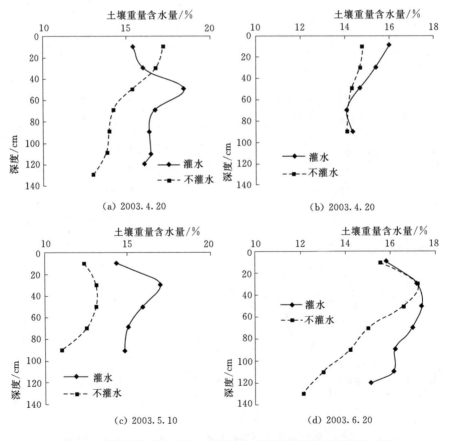

图 3-3　黎城漳北试验站小麦生育期土壤重量含水量随深度的变化

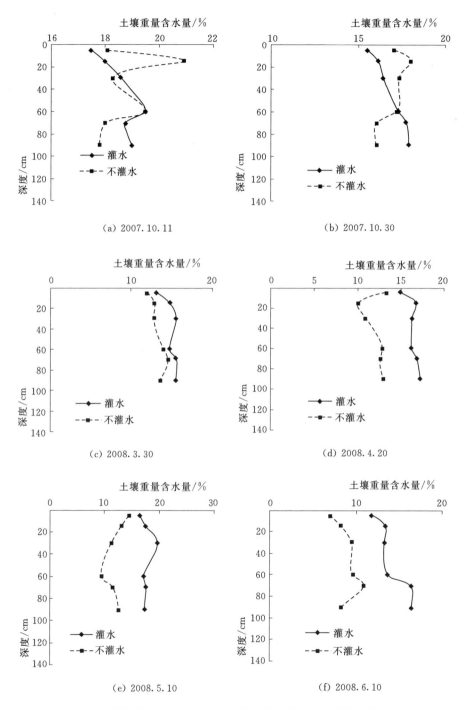

图 3-4 新绛鼓水试验站小麦生育期土壤重量含水量随深度的变化

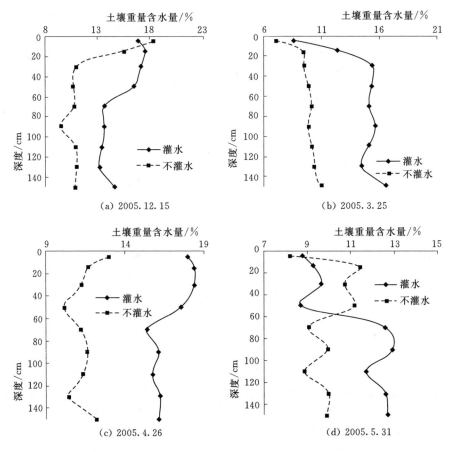

图 3-5　运城夹马口试验站小麦生育期土壤重量含水量随深度的变化

2. 土壤含水量随时间的变化情况

山西省各小麦试验站农田灌溉试验观测结果包括各站不同试验区 0～2m 土壤含水量实测数据、当地逐日气象数据、不同作物生育期内生长参数。将各站试验期内充分灌溉和不灌溉处理 0～20cm、0～40cm、0～60cm 和 0～100cm 土壤实测含水量整理，并选择各站具有代表性的土壤含水量，绘制各站不同年份土壤含水量变化过程。详见图 3-6 和图 3-7。

（1）0～20cm 和 0～40cm 土壤含水量随时间的变化。

（2）0～60cm 和 0～100cm 土壤含水量随时间的变化。

图 3-6 和图 3-7 主要分析了各试验站充分灌水和不灌水两种情况下土壤含水量的动态变化规律，从以上山西省近十个小麦试验站土壤含水量的变化图中可以看出，各试验站小麦的土壤含水量的变化规律基本上一致。在一个作物连种周期内，土壤水分主要受到气候因素，灌溉因素和作物根系吸水的影响呈现动态变化。

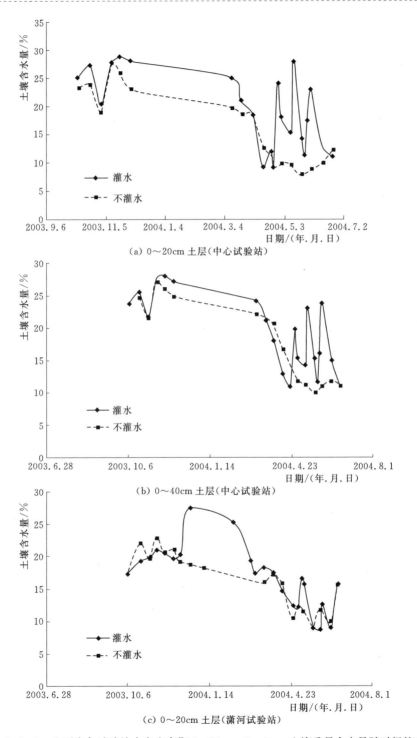

（a）0～20cm 土层（中心试验站）

（b）0～40cm 土层（中心试验站）

（c）0～20cm 土层（潇河试验站）

图 3-6（一）　山西省各试验站小麦生育期 0～20cm、0～40cm 土壤重量含水量随时间的变化

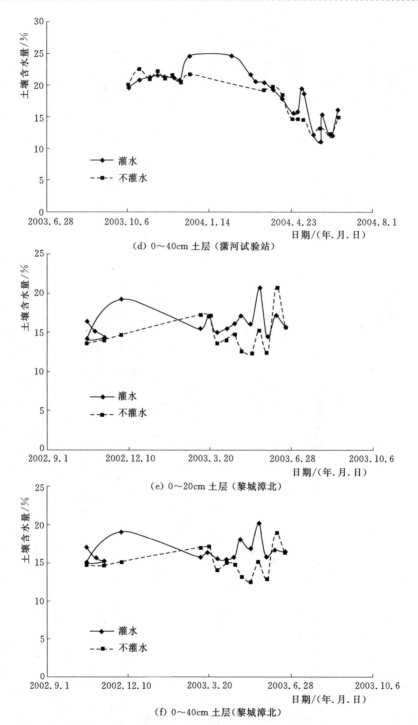

（d）0～40cm 土层（潇河试验站）

（e）0～20cm 土层（黎城漳北）

（f）0～40cm 土层（黎城漳北）

图 3-6（二）　山西省各试验站小麦生育期 0～20cm、0～40cm 土壤重量含水量随时间的变化

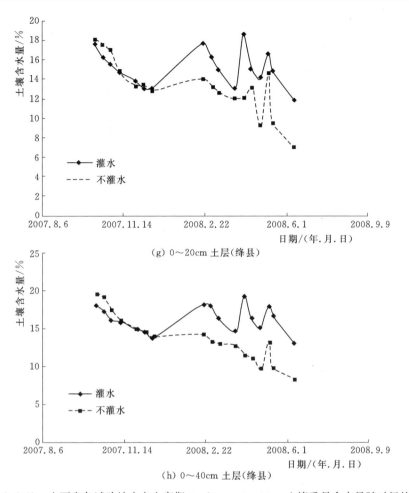

图 3-6（三） 山西省各试验站小麦生育期 0～20cm、0～40cm 土壤重量含水量随时间的变化

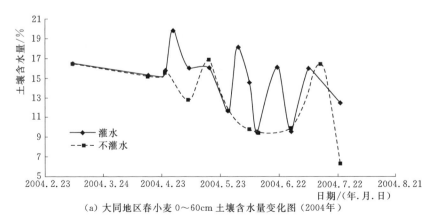

图 3-7（一） 山西省各试验站小麦生育期 0～60cm、0～100cm 土壤重量含水量随时间的变化

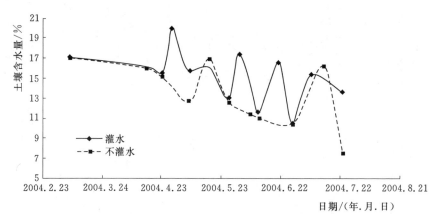

（b）大同地区春小麦 0～100cm 土壤含水量变化图（2004 年）

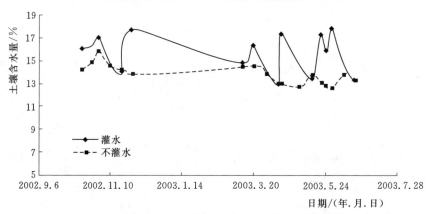

（c）文御河地区冬小麦 0～60cm 土壤含水量变化图（2003 年）

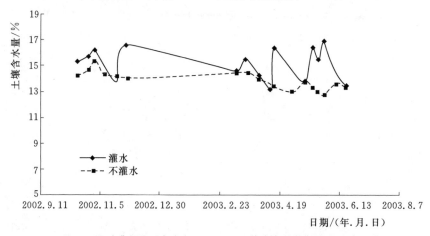

（d）文御河地区冬小麦 0～100cm 土壤含水量变化图（2003 年）

图 3-7（二） 山西省各试验站小麦生育期 0～60cm、0～100cm 土壤重量含水量随时间的变化

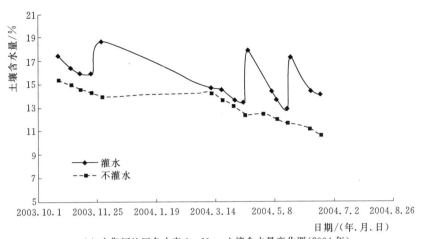

(e) 文御河地区冬小麦 0~60cm 土壤含水量变化图(2004 年)

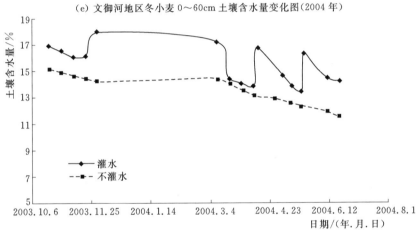

(f) 文御河地区冬小麦 0~100cm 土壤含水量变化图(2004 年)

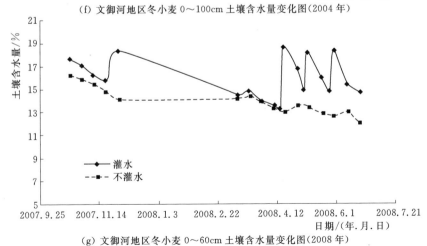

(g) 文御河地区冬小麦 0~60cm 土壤含水量变化图(2008 年)

图 3-7（三） 山西省各试验站小麦生育期 0~60cm、0~100cm 土壤重量含水量随时间的变化

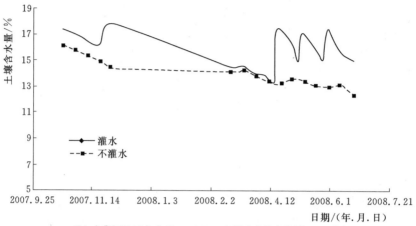

（h）文御河地区冬小麦 0～100cm 土壤含水量变化图（2008 年）

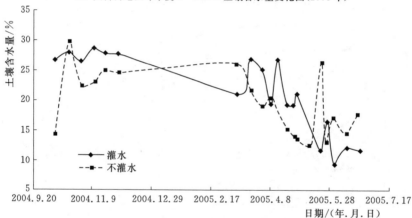

（i）中心站地区冬小麦 0～60cm 土壤含水量变化图（2005 年）

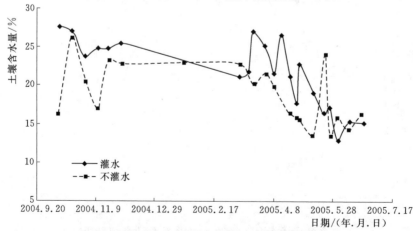

（j）中心站地区冬小麦 0～100cm 土壤重量含水量变化图（2005 年）

图 3-7（四） 山西省各试验站小麦生育期 0～60cm、0～100cm 土壤重量含水量随时间的变化

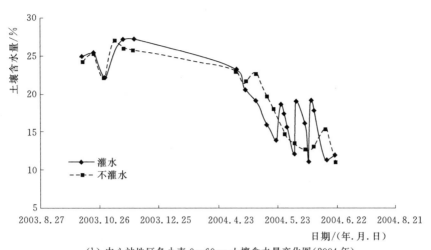

（k）中心站地区冬小麦 0～60cm 土壤含水量变化图（2004 年）

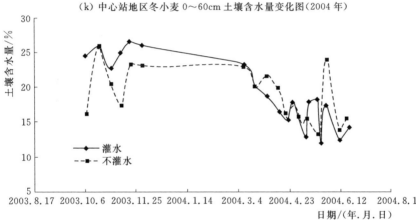

（l）中心站地区冬小麦 0～100cm 土壤含水量变化图（2004 年）

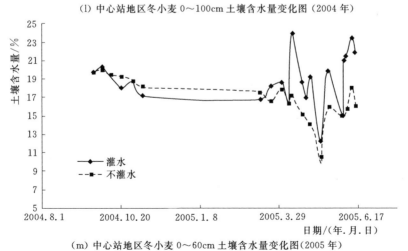

（m）中心站地区冬小麦 0～60cm 土壤含水量变化图（2005 年）

图 3-7（五）　山西省各试验站小麦生育期 0～60cm、0～100cm 土壤重量含水量随时间的变化

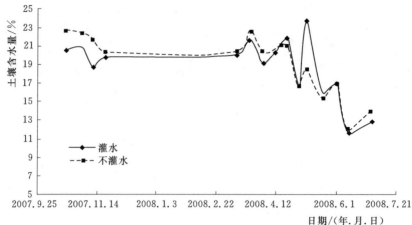

（n）中心站地区冬小麦 0～60cm 土壤含水量变化图（2009 年）

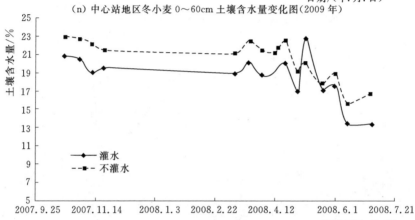

（o）中心站地区冬小麦 0～100cm 土壤含水量变化图（2009 年）

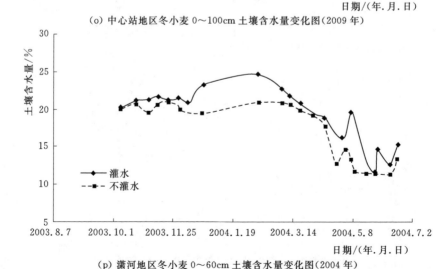

（p）潇河地区冬小麦 0～60cm 土壤含水量变化图（2004 年）

图 3-7（六） 山西省各试验站小麦生育期 0～60cm、0～100cm 土壤重量含水量随时间的变化

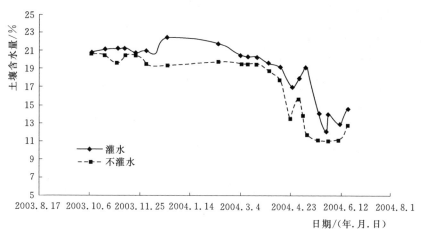

（q）潇河地区冬小麦 0～100cm 土壤含水量变化图（2004 年）

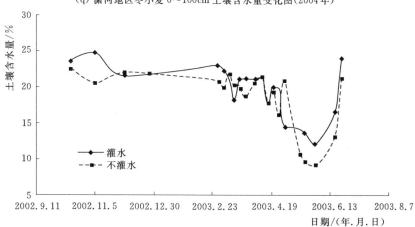

（r）潇河地区冬小麦 0～60cm 土壤含水量变化图（2003 年）

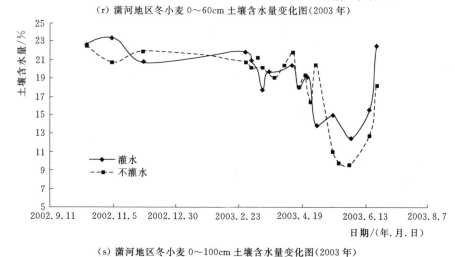

（s）潇河地区冬小麦 0～100cm 土壤含水量变化图（2003 年）

图 3-7（七）　山西省各试验站小麦生育期 0～60cm、0～100cm 土壤重量含水量随时间的变化

57

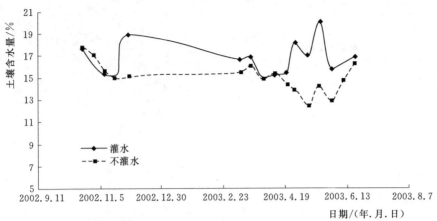

（t）黎城地区冬小麦 0～60cm 土壤含水量变化图（2003 年）

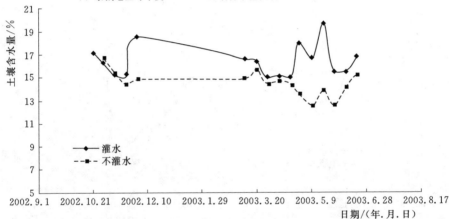

（u）黎城地区冬小麦 0～100cm 土壤含水量变化图（2003 年）

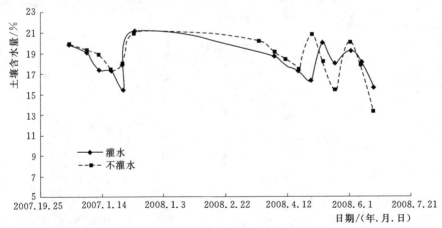

（v）黎城地区冬小麦 0～60cm 土壤含水量变化图（2008 年）

图 3-7（八）　山西省各试验站小麦生育期 0～60cm、0～100cm 土壤重量含水量随时间的变化

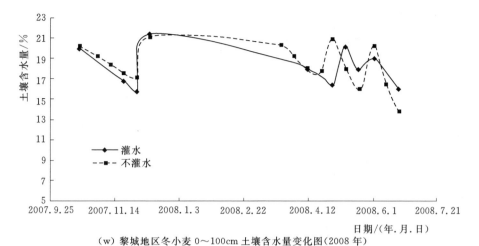

（w）黎城地区冬小麦 0～100cm 土壤含水量变化图（2008 年）

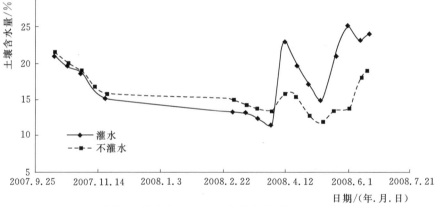

（x）临汾地区冬小麦 0～60cm 土壤含水量变化图（2008 年）

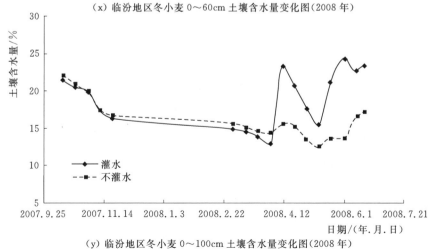

（y）临汾地区冬小麦 0～100cm 土壤含水量变化图（2008 年）

图 3-7（九）　山西省各试验站小麦生育期 0～60cm、0～100cm 土壤重量含水量随时间的变化

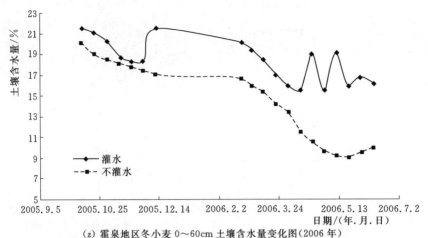

（z）霍泉地区冬小麦 0～60cm 土壤含水量变化图（2006 年）

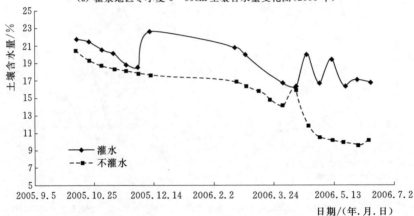

（aa）霍泉地区冬小麦 0～100cm 土壤含水量变化图（2006 年）

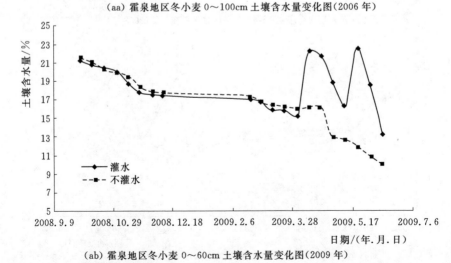

（ab）霍泉地区冬小麦 0～60cm 土壤含水量变化图（2009 年）

图 3-7（十） 山西省各试验站小麦生育期 0～60cm、0～100cm 土壤重量含水量随时间的变化

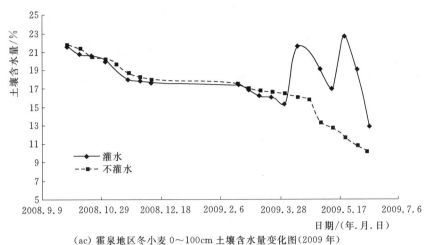

（ac）霍泉地区冬小麦 0～100cm 土壤含水量变化图（2009 年）

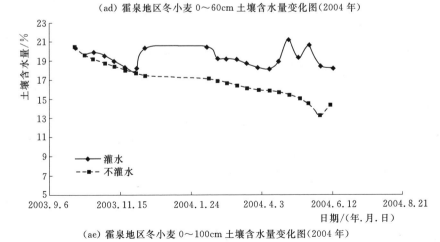

（ad）霍泉地区冬小麦 0～60cm 土壤含水量变化图（2004 年）

（ae）霍泉地区冬小麦 0～100cm 土壤含水量变化图（2004 年）

图 3-7（十一） 山西省各试验站小麦生育期 0～60cm、0～100cm 土壤重量含水量随时间的变化

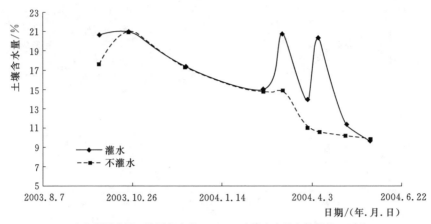

（af）运城夹马口地区冬小麦 0～60cm 土壤含水量变化图（2004 年）

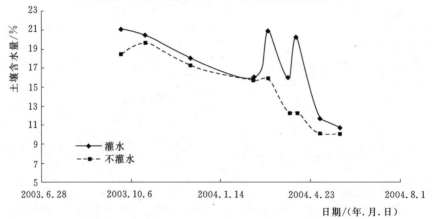

（ag）运城夹马口地区冬小麦 0～100cm 土壤含水量变化图（2004 年）

图 3-7（十二） 山西省各试验站小麦生育期 0～60cm、0～100cm 土壤重量含水量随时间的变化

由于各小区相邻且面积不大，因此忽略降水的空间差异性，土壤水分的变化主要取决于灌溉制度和作物的生长情况。

从小麦播种到越冬前 10—11 月，是冬前苗期生长阶段。除早期灌的播种水之外，在这一阶段各试验站、各小区均未实施灌溉，0～20cm 和 0～40cm 的土层含水量变化较大，0～60cm 和 0～100cm 土层水分变化基本一致且均呈现快速下降趋势，主要考虑到此阶段冬小麦根系较浅，作物腾发量不大，农田蒸散主要以表土蒸发为主，水分总需求大于水分供给，土层蓄水量减少。

12 月至次年 3 月上旬，小麦处于越冬期。此时一般雨量稀少，有些试验站进行了冬灌，冬灌后试验区 0～60cm 和 0～100cm 的土层水分均剧烈上升，而后又迅速下降，土壤水分消耗很快，而深层土壤水分变化则十分有限；未进行冬灌的试验区 0～60cm 和 0～100cm 土层水分继续呈现下降趋势，但变化更加缓慢，土壤含水量始终低于田间持水量的60%。其原因是前期小麦生长消耗大量表层土壤水分，在不进行冬灌的情况下，表层土壤水分已接近凋萎含水量，后期农田蒸散受到限制。

3月中旬至6月中旬，从小麦返青至收获，冬小麦生长进入旺季，其需水量急剧增加。由于各试验区灌溉制度不同，土壤含水量变化也不尽相同，但大致规律是灌水量越大，土壤水分变化越大，而变化幅度随着土壤深度的增加而减小。主要是因为作物根系的生长使下部土壤水分可以被植物利用，上部灌水量大也导致过剩的水入渗到较深的土层，使土壤水分发生变化。此时土壤水分多以作物蒸腾消耗为主，对于各试验站不灌溉的试验区的土壤含水量基本上是持续降低。但有些试验站不灌溉的小区的土壤含水量稍微有些波动，增加一点，随后又下降，这主要有些年份在5月后期和6月有一些降雨，因此雨量除了满足作物蒸散以外，多余的水量下渗可以使下部土壤含水量增加。而由于表土蒸发强烈，土壤水分在水势梯度的作用下向上运动，致使深层土壤水分消耗迅速，因此不同深度土层含水量变化均为一年中最剧烈的阶段。

3. 土壤水分动态变化预测

土壤水动力学方法、土壤水分平衡法、数理统计方法和随机模型等是模拟土壤水分动态变化的主要方法。土壤水动力学方法具有较严格的物理基础，既适用于研究农田垂直向一维水分剖面分布特征，也可用于研究层状土层。但是，需要的土壤物理参数多，而且如果要精准模拟土壤水分变化，设定的模拟时间步长需较短。它是几十年来应用最广的模型，国外学者在这方面的研究和应用很多。土壤水分平衡法思路简单，操作易行，而且各变量和参数比较容易获得，故在研究层状土壤水分动态变化规律时应用也较广泛。该方法的不足在于未考虑一些土壤物理参数（特别是导水率），从而对降水或者灌溉的入渗、入渗后土壤水分的再分布等过程的模拟不准确，而且仅适合不考虑深层渗漏和地下水补给即地下水位埋藏很深的情况。数理统计方法具有很强的应用性，资料容易取得，但参数没有明确的物理意义，时空外延性差，应用范围有局限性。时间或空间上的随机模型在国外有很多应用，该方法正越来越受到国内外学者的关注。国外有不少学者建立的土壤水分变化模拟模型，有的把它作为一个子模块，耦合在其他模拟模型中；有的把它作为模型的核心，用于研究土壤水分和盐的运动或土壤溶质运移、计算作物对水分的利用效率以及农田灌溉决策管理。

本书采用土壤消退指数模型来模拟山西省各地区小麦的土壤含水量。对于一定深度的土层来说，土壤贮水量由于降水或灌溉而增加，其增加量与时段内的降水量、灌溉水量直接相关；贮水量由于腾发（包括土壤蒸发和植物蒸腾）及深层渗漏而减少，在土壤水分变化过程中，多数时段处于消退阶段，土壤水分的消退规律是进行土壤水分动态预报的基础。基于土壤水分消退率与贮水量成正比这一假定，得出了土壤水分的指数消退关系；在尚松浩等提出的冬小麦生育期土壤水分动态模拟、预报的递推模型（尚松浩等，2000）的基础上，并根据山西省各试验站的实测资料对模型中的参数进行了率定，经过检验，结果表明模型预报效果较好。

（1）土壤水分消退指数变化规律。田间土壤水分状况是由土壤特性及外界条件综合决定的。在北方冬小麦生育期内，降水量较少，一般不能形成径流，这种情况下田间土壤水分子平衡可表示为

$$W_2 - W_1 = P + I - ET - Q \tag{3-1}$$

式中：W_1、W_2 分别为时刻 t_1、t_2 的 1m（冬小麦主要根系深度）土层贮水量；P、I、ET、Q 分别为相应时段内的降水量、灌水量、腾发量及下边界水分通量（以深层渗漏为正）。

在上述各量中，土壤贮水量是表示系统状态的量，可由实测的土壤含水量计算得到；降水量、灌水量作为系统输入，可以进行较为准确的测定；而耗水量、下边界水分通量的准确测定和计算比较困难。土壤水分动态预报的概念性模型及机理性模型主要是利用可测定的气象、作物、土壤等因子，对耗水量和下边界水分通量进行定量化描述，需要的试验资料较多；另一方面，土壤贮水量作为土壤水量平衡要素综合作用的结果，本身具有一定的变化规律，同时包含各要素变化的信息。因此根据土壤贮水量及降水、灌水过程来建立土壤水分动态变化的经验模型并进行田间土壤水分动态预报是可能的。

土壤水分的减少是由耗水量和深层渗漏造成的，除较大降水或灌溉后短期内有一定量的深层渗漏外，一般情况下下边界水分通量比耗水量要小。基于此，假设土壤水分消退阶段水分消退率与贮水量 W 成正比，即

$$\frac{\mathrm{d}W}{\mathrm{d}t} = -kW \tag{3-2}$$

式中：k 为土壤水分消退指数，主要与气象、作物、土壤等条件有关。

如果时刻根系层贮水量，对式（3-2）在时间 $[0, t]$ 内进行积分，即可得到土壤水分消退阶段的指数消退模式：

$$W(t) = W_1 \exp[-k(t - t_1)] \tag{3-3}$$

在考虑降水及灌水情况下，土壤水分变化的递推关系（以天为单位）可表示为

$$W_{t+1} = W_t \exp(-k\Delta t) + P + I \tag{3-4}$$

式中：W_t、W_{t+1} 分别为第 t 日和 $t+1$ 日的土壤贮水量；其他符号意义同前。

（2）土壤水分消退指数的确定方法。上述模型的主要参数为土壤水分消退指数 k。在无降水及灌水的时段内，k 可由土壤水分观测资料推求。根据式（3-3）可得

$$k = \ln(W_1/W_2)/(t_2 - t_1) \qquad (3-5)$$

根据田间实验结果，可以求出不同时段内土壤水分消退指数，进而分析其特性与变化规律。

4．消退指数模型在冬小麦田间土壤水分动态预报中的应用

利用山西省各实验站冬小麦田间土壤水分观测资料，建立了土壤水分动态预报的指数消退模型，并将模型预报结果与实测值进行了对比分析。并给出了各试验站小麦消退指数模型中的参数。

（1）土壤水分消退指数。根据山西省各试验站冬小麦返青至收获（一般为3月初至6月中旬）期间的土壤水分观测资料，利用式（3-5）计算出相应的土壤水分消退指数，其中 $t' = t/T$（T 为冬小麦返青后的总生育时间），可采用以下模式来描述消退系数 k 随 t' 的变化：

$$k = k_m \exp\left[1 - \frac{(t' - t'_m)^2}{c^2} \right] \qquad (3-6)$$

式中：k_m 为最大土壤水分消退指数；t'_m 为对应于 k_m 的相对时间；c 为形状系数。根据各试验站的拟合结果，各试验站 k_m、t'_m 和 c 的值见表3-2。

表3-2　　　　　各试验站小麦土壤水分消退指数模型参数统计表

作物名称	地区	试验站	t'_m	k_m	c
春小麦	大同	御河	0.263	0.0016	0.348
冬小麦	晋中	潇河	0.511	0.0015	0.348
	吕梁	文峪河	0.347	0.002	0.498
	临汾	霍泉	0.364	0.0053	0.670
		汾西	0.780	0.0092	0.780
	运城	夹马口	0.518	0.0031	0.398

（2）土壤水分动态预测结果。利用以上得到的土壤水分消退指数，在已知冬小麦返青后某天土壤贮水量的情况下即可根据式（3-4）的递推关系进行土壤水分动态预测。利用山西省试验站冬小麦返青后土壤水分实测资料对以上模型进行检验，以1m土层贮水量作为初始值，利用式（3-6）计算出不同时段的土壤水分消退指数 k，然后利用式（3-4）进行土壤动态预测。图3-8表示不同灌水处理下部分试验小区1m土层贮水量实测值与预测值的比较，可以看出两者基本吻合。

在山西省各站试验小区中，预测结果与实测值相比较吻合。对各试验小区实测贮水量与模拟贮水量进行线性回归（截距）为0，其斜率为0.929～1.063，相关系数为0.452～0.960，见表3-3。以上结果表明用指数消退模型进行土壤水分动态预测是可行的。

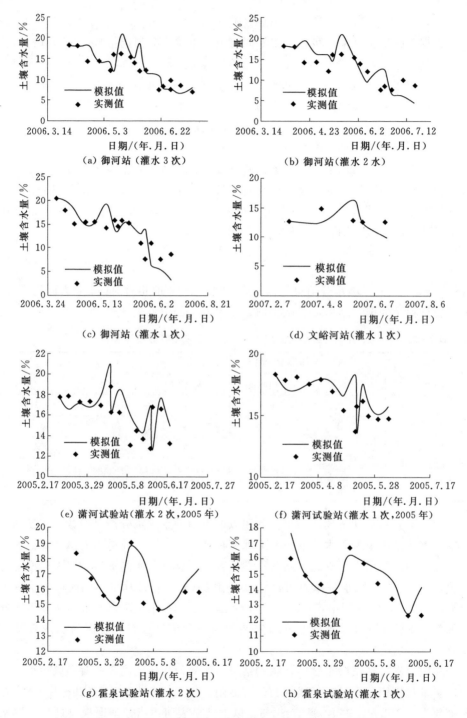

图 3-8（一）　不同站点土壤含水量预测值与实测值的比较

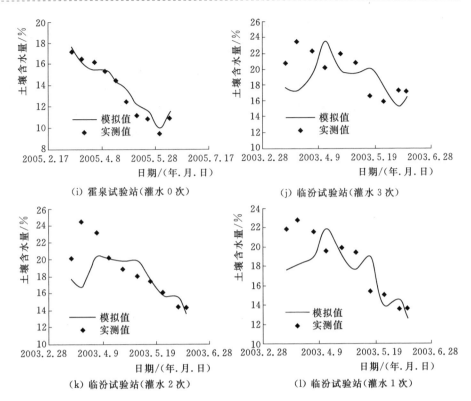

图 3-8（二）　不同站点土壤含水量预测值与实测值的比较

表 3-3　　　　　　土壤含水量模拟值和实测值的相关关系

作物	地区	灌水次数	灌水量/mm	公式	相关系数 R
春小麦	大同御河	3	135	$y=1.060x$	0.808
		2	105	$y=1.043x$	0.822
		1	60	$y=1.014x$	0.782
冬小麦	文峪河	1	45	$y=0.996x$	0.453
	潇河	2	105	$y=1.030x$	0.678
		1	45	$y=1.025x$	0.548
	霍泉	2	105	$y=1.026x$	0.661
		1	45	$y=1.031x$	0.808
		0	0	$y=1.020x$	0.960
	临汾	3	180	$y=0.940x$	0.812
		2	105	$y=0.929x$	0.520
		1	45	$y=0.936x$	0.452

基于根系层土壤贮水量的消退率与贮水量成正比这一假定，得出了土壤水分消退的变化规律。在此基础上，建立了土壤水分动态预报的模型，并利用山西省各试验站不同年份、不同灌水处理的冬小麦生育期土壤水分观测资料对模型进行了检验，结果表明大同御河地区、霍泉地区模型相关性较高，预报效果较好。该模型的特点是比较简单且参数较少，使用方便；其主要局限性是模型中土壤水分消退系数地域、时域性较强。在应用这一模型时，可先根据其他年份的试验资料或部分测点的试验资料推求土壤水分消退指数，再用于相似条件下的土壤水分动态预报。

第二节　小麦需水规律分析

本次小麦试验成果分析主要涉及的试验站有：大同朔州地区的御河（春小麦）、吕梁地区的文峪河、晋中地区的潇河和中心站、长治晋城地区的黎城、临汾地区的霍泉和汾西、运城地区的鼓水、夹马口和红旗试验站，共 10 个试验站的小麦需水试验成果。山西省小麦试验站的分布情况详见表 3-4。

表 3-4　　　　　　　　山西省小麦试验站的分布情况

地　区	试验站	作物
大同、朔州	御河	春小麦
吕梁	文峪河	冬小麦
晋中	潇河	冬小麦
	中心站	
长治	黎城	冬小麦
临汾	霍泉	冬小麦
	汾西	
运城	鼓水	冬小麦
	夹马口	
	红旗	

一、小麦不同生育期需水量的变化规律分析

1995—2013 年期间，各试验站进行了大量的小麦灌溉制度和需水量试验。试验以控制小麦生育期根系层土壤水分不同下限设置处理，单站年处理数一般在 3～4 个。对于田间小麦需水量试验，则以小麦根系层土壤水分不低于田间持水量的 60%～65%，且产量较高，确定小麦需水量与需水规律。依此，逐

年求得了小麦的需水量和阶段需水量及其需水强度；以阶段需水强度为依据，求得各站多年平均的小麦阶段需水强度；统计各年小麦生育阶段起止日期，求其年平均值作为该小麦的生育期起止日期，并确定各生育阶段的天数，以此作为多年平均情况下的小麦生育阶段，求取小麦阶段需水量及其全生育期的需水量。

1. 春小麦需水量变化规律

山西省种植春小麦的区域主要集中在山西省的大同朔州区和忻州区，位于北部地区。相比冬小麦，种植面积较少。春小麦的试验站位于大同御河地区，根据御河试验站 5 年观测试验数据绘制了春小麦需水量变化规律，如图 3-9 所示，春小麦整个生育期大约为 107d，划分为 6 个生育阶段，分别为播种到出苗（0～21d）、出苗到分蘖（22～40d）、分蘖到拔节（41～51d）、拔节到抽穗（52～64d）、抽穗到灌浆（65～79d）和灌浆到收获（80～107d）。根据 5 年的试验观测数据统计分析了春小麦 6 个不同阶段需水量的日平均值和阶段平均值。

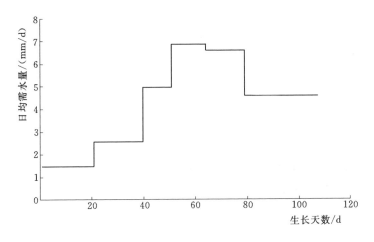

图 3-9 春小麦日均需水量（大同御河试验站，5 年）

（1）春小麦日均需水量变化分析。以大同御河春小麦试验站的需水量的成果可知，春小麦各个阶段需水量的差别较大，从播种到出苗、出苗到分蘖、分蘖到拔节、拔节到抽穗、抽穗到灌浆、灌浆到收获，春小麦的日均需水量呈现出先增加后减少的变化规律。这主要是和春小麦的生长发育情况相关，播种到出苗阶段，小麦的覆盖度低，植株也小，因此需水量较少，随着小麦的生长，小麦的覆盖度逐渐变大，植株也逐渐长高，叶片也逐渐变大，需水量也随着增加，到了成熟期，小麦的叶片开始变黄，到最后整株都变黄，失去蒸腾耗水功能，需水量逐渐减少。小麦的日均需水量在拔节阶段达到最大，为 6.77mm/d，其次是灌浆阶段，日均需水量为 6.59mm/d。从春小麦各阶段需水量占整个生育期的需水量的比例来看，播种到出苗阶段为 7%、出苗到分蘖阶段为 11%、分蘖到拔节为 12%、拔节到抽穗为 20%、抽穗到灌浆为 22%、灌浆到收获为 28%。若和前一个阶段的需水量进行对比分析，发现需水量增加较大的阶段分别是拔节到抽穗阶段和灌浆到收获两个阶段阶段，尤其是拔节到抽穗阶段，增加幅度为分蘖到拔节阶段的 64%。

（2）春小麦不同生育阶段需水量变化分析。春小麦 6 个不同生育阶段的需水量见表 3-5。

表 3-5　　　　　　　　　大同御河春小麦阶段需水量表

项　目	生　育　阶　段						全生育期
	播种—出苗	出苗—分蘖	分蘖—拔节	拔节—抽穗	抽穗—灌浆	灌浆—收获	
平均天数/d	21	19	11	13	15	28	107
需水量均值/mm	30.5	48.2	54.6	89.4	98.9	128.0	449.3

从春小麦各阶段需水量占整个生育期的需水量的比例来看，播种到出苗阶段为 7%、出苗到分蘖阶段为 11%、分蘖到拔节为 12%、拔节到抽穗为 20%、抽穗到灌浆为 22%、灌浆到收获为 28%。若和前一个阶段的需水量进行对比分析，发现需水量增加较大的阶段分别是拔节到抽穗阶段和灌浆到收获两个阶段，尤其是拔节到抽穗阶段，增加幅度为分蘖到拔节阶段的 64%。

2. 冬小麦需水量规律

山西省以冬小麦为主，分布在山西省的中部和南部。根据山西省吕梁地区的文峪河、晋中地区的潇河和中心站、长治晋城地区的黎城、临汾地区的霍泉和汾西、运城地区的鼓水、夹马口和红旗试验站的数据统计分析了冬小麦不同生育阶段需水量的日平均值和阶段平均值。

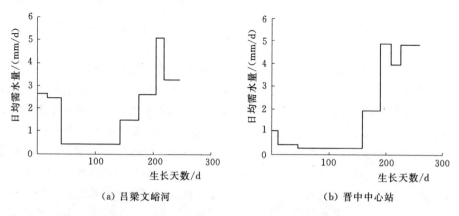

(a) 吕梁文峪河　　　　　　　　(b) 晋中中心站

图 3-10（一）　不同站冬小麦生育期的日均需水量变化

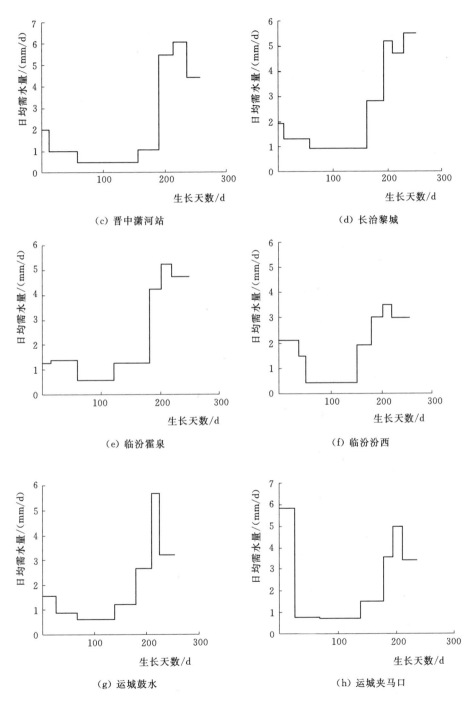

图 3-10（二） 不同站冬小麦生育期的日均需水量变化

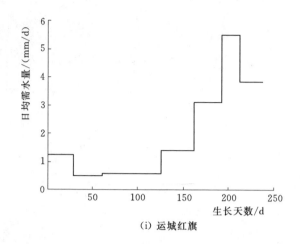

（i）运城红旗

图 3-10（三）　不同站冬小麦生育期的日均需水量变化

　　由图 3-10 可以看出，冬小麦的日均需水量的变化趋势分为两大类，这两类的变化规律初期一致，即从播种到越冬阶段日均需水量逐渐增加，但幅度不大，基本上增加到 1～2mm/d；从越冬到返青阶段日均需水量逐渐减少，但基本上维持在 0.5mm/d，该阶段持续的时间较长，大约为 100d 左右。从返青到拔节阶段日均需水量逐渐增加，增加的幅度较大，最大增加到 5～6mm/d。从拔节到收获阶段，两类的变化规律不一致，一类是日均需水量从拔节到灌浆先略微减少，然后从灌浆到收获又略有增加，减少和增加的幅度均很小，具有这种变化趋势的站有晋中中心试验站和长治黎城试验站。另一类的变化规律为从拔节到灌浆逐渐增加，从灌浆到收获逐渐减少，山西省大多数的试验站具有这类变化规律，如吕梁地区的文峪河、晋中地区的潇河、临汾地区的霍泉和汾西、运城地区的鼓水、夹马口和红旗试验站。第二类变化规律更符合实际，因为小麦从播种到分蘖阶段，需水量逐渐增大，分蘖以后气温逐渐减低，生长缓慢，需水量也逐渐减少，在越冬阶段达到最小，在此阶段由于气温较低，小麦几乎停止生长，小麦的需水量也达到整个生育期的最小值，等到来年 3 月后，气温逐渐提高，小麦开始返青，尤其到拔节阶段小麦生长迅速，需水量也较大，到灌浆阶段小麦需水量达到最大，随后在小麦成熟阶段，叶片逐渐变黄，需水量也开始减少。因此第二类变化规律符合小麦的实际生长情况。至于第一类变化规律，可能日均需水量是按照不同生育阶段的总需水量除以阶段的天数计算的，而不同地区生育阶段的划分不同，每个阶段的天数也不同，见表 3-6。如晋中中心试验站，抽穗到灌浆阶段 17d，需水量为 68.1mm，日均需水量为 4.01mm/d，灌浆到收获阶段 32d，需水量为 153.6mm，日均需水量为 4.80mm/d，而其他地区两个阶段的天数基本上相差不大，均为 20 多天，而中心试验站可能因为灌浆到收获阶段的天数比抽穗到灌浆阶段的天数较长，因此计算出来的日均需水量是灌浆到收获阶段略比抽穗到灌浆阶段的大，这可能是其中的一个原因。但是临汾地区灌浆到收获的天数和抽穗到灌浆的天数和中心试验站的相差不大，试验结果表明临汾地区小麦的日均需水量符合第二类变化规律。具体的是什么原因导致出现小麦成熟期的日均需水量逐渐增大，最主要的可能还是时段划分的问题，如果研究的时段为逐旬或逐日，可能就不会出现类似的问题。今后可通过试验进一步验证。

表 3-6　　　　　　　　　　山西省不同站点冬小麦各阶段的需水量

地区	试验站（资料年数）	项　目	生　育　阶　段							全生育期
			播种—分蘖	分蘖—越冬	越冬—返青	返青—拔节	拔节—抽穗	抽穗—灌浆	灌浆—收获	
吕梁	文峪河（5a）	平均天数/d	17.5	25.0	100.5	32.5	29.5	14.0	26.0	245.0
		需水量均值/mm	45.8	60.9	41.3	47.9	76.8	71.0	84.2	418.2
晋中	中心站（4a）	平均天数/d	11.0	35.0	112.5	31.3	19.0	17.3	31.8	258.0
		需水量均值/mm	11.4	15.0	30.9	59.9	92.6	68.1	153.6	431.6
	潇河（3a）	平均天数/d	12.0	46.7	98.0	34.0	24.0	21.7	21.0	258.0
		需水量均值/mm	23.9	45.9	47.6	35.7	131.1	131.4	92.7	508.5
长治	黎城（5a）	平均天数/d	10.8	46.6	104.2	30.4	17.2	20.2	22.0	251.0
		需水量均值/mm	20.6	61.5	98.3	84.8	89.0	94.8	120.8	569.7
临汾	霍泉（4a）	平均天数/d	14.5	46.0	61.5	60.5	20.0	17.5	29.3	249.0
		需水量均值/mm	18.2	62.0	34.7	76.4	84.5	91.4	138.8	505.8
	汾西（4a）	平均天数/d	37.7	13.3	100.7	28.0	22.5	17.7	32.2	246.0
		需水量均值/mm	78.8	19.4	41.3	53.4	67.7	62.1	96.5	414.3
运城	鼓水（3a）	平均天数/d	27.3	40.0	72.0	40.7	30.0	15.0	25.3	250.0
		需水量均值/mm	42.2	34.8	43.2	49.5	79.4	85.2	81.2	415.2
	夹马口（2a）	平均天数/d	25.5	43.5	69.0	40.5	15.5	17.5	24.0	236.0
		需水量均值/mm	147.9	33.0	49.4	60.6	54.8	86.7	81.5	513.5
	红旗（5a）	平均天数/d	29.6	32.0	64.0	36.4	31.0	20.0	24.0	237.0
		需水量均值/mm	36.9	15.5	35.9	50.9	95.9	110.0	92.0	436.8

二、不同年份小麦需水量变化分析

以上是根据山西省小麦各试验站多年的需水量数据经过统计分析了小麦阶段需水量的平均情况，但是即使在同一地区，小麦每年的播种时间和收获时间不完全相同，每年小麦生育期内的气象条件差异较大，如降雨、蒸发等因素，最主要的是每年的灌溉试验各不相同，如灌水时间、灌水次数和灌水定额等，这些因素都会影响到小麦的需水量，因此，表 3-7 和表 3-8 列出了历年小麦需水量的计算结果，对研究当地的小麦需水量不同年份之间的变化情况给出了参考依据。

表 3—7　山西省御河站不同年份春小麦不同生育阶段需水量、日均需水量及生育期模系数

年份	项　目	播种—出苗	出苗—分蘖	分蘖—拔节	拔节—抽穗	抽穗—灌浆	灌浆—收获	全生育期
1995	起止日期/(月.日)	4.6—4.28	4.29—5.19	5.20—5.29	5.30—6.5	6.6—6.16	6.17—7.18	4.6—7.18
	天数/d	22	21	9	5	10	32	99
	需水量/mm	24.5	58.5	56.3	56.9	76.5	111.0	383.8
	日均需水量/(mm/d)	1.11	2.79	6.26	11.39	7.65	3.47	3.88
	模系数/%	6.4	15.3	14.7	14.8	19.9	28.9	100
1996	起止日期/(月.日)	4.5—4.24	4.25—5.16	5.17—5.28	5.29—6.4	6.5—6.21	6.22—7.17	4.5—7.17
	天数/d	19	21	11	6	16	26	99
	需水量/mm	10.8	63.9	58.1	47.7	69.6	96.3	346.5
	日均需水量/(mm/d)	0.57	3.04	5.28	7.96	4.35	3.70	3.50
	模系数/%	3.1	18.5	16.8	13.8	20.1	27.8	100
1997	起止日期/(月.日)	3.22—4.15	4.16—5.4	5.5—5.18	5.19—6.8	6.9—6.23	6.24—7.21	3.22—7.21
	天数/d	24	18	13	20	14	28	117
	需水量/mm	24.8	85.8	103.8	78.6	87.3	100.5	481.0
	日均需水量/(mm/d)	1.03	4.77	7.99	3.93	6.24	3.59	4.11
	模系数/%	5.2	17.8	21.6	16.3	18.2	20.9	100
2003	起止日期/(月.日)	3.22—4.15	4.16—5.4	5.5—5.18	5.19—6.8	6.9—6.23	6.24—7.21	3.22—7.21
	天数/d	24	18	13	20	14	28	117
	需水量/mm	20.3	20.1	26.0	124.2	104.3	158.6	453.3
	日均需水量/(mm/d)	0.84	1.12	2.00	6.21	7.45	5.66	3.87
	模系数/%	4.5	4.4	5.7	27.4	23	35	100

续表

年份	项目	播种—出苗	出苗—分蘖	分蘖—拔节	拔节—抽穗	抽穗—灌浆	灌浆—收获	全生育期
				生 育 阶 段				
2005	起止日期/(月·日)	4.3—4.19	4.20—5.8	5.9—5.19	5.20—6.3	6.4—6.24	6.25—7.18	4.3—7.18
	天数/d	17	19	11	15	21	24	107
	需水量/mm	71.7	12.2	28.7	139.8	156.3	173.1	581.7
	日均需水量/(mm/d)	4.22	0.64	2.60	9.32	7.44	7.21	5.44
	模系数/%	12.3	2.1	4.9	24	26.9	29.8	100
1995、1996、1997、2003、2005	日需水量均值/mm	1.56	2.48	4.83	7.76	6.63	4.73	4.16
	偏差系数 C_v/%	96.61	66.79	52.01	36.83	20.96	35.05	17.95

表3—8 山西省不同站点、不同年份冬小麦、不同生育阶段需水量、日均需水量及生育期模系数

地区	试验站	年份	项目	播种—分蘖	分蘖—越冬	越冬—返青	返青—拔节	拔节—抽穗	抽穗—灌浆	灌浆—收获	全生育期
						生 育 阶 段					
晋中	山西省中心试验站	2004	起止日期/(月·日)	10.8—10.20	10.21—12.1	12.2—3.11	3.12—4.12	4.13—4.30	5.1—5.21	5.22—6.21	10.8—6.21
			天数/d	13	42	101	32	18	21	31	258
			需水量/mm	14.7	19.2	44.4	98.25	76.5	57.15	152.4	462.6
			日均需水量/(mm/d)	1.13	0.46	0.44	3.07	4.25	2.72	4.92	1.79
			模系数/%	3.18	4.15	9.6	21.24	16.54	12.35	32.94	100
		2005	起止日期/(月·日)	9.23—10.1	10.2—11.11	11.12—3.11	3.12—4.11	4.12—5.1	5.2—5.18	5.19—6.15	9.23—6.15
			天数/d	9	41	121	30	20	17	28	266
			需水量/mm	14.7	19.2	44.4	98.25	76.5	57.15	152.4	462.6
			日均需水量/(mm/d)	1.63	0.47	0.37	3.28	3.83	3.36	5.44	1.74
			模系数/%	8.28	6.88	17.36	10.48	17.84	7.47	31.7	100

续表

地区	试验站	年份	项目	生育阶段							全生育期
				播种—分蘖	分蘖—越冬	越冬—返青	返青—拔节	拔节—抽穗	抽穗—灌浆	灌浆—收获	
晋中	山西省中心试验站	2008	起止日期/(月·日)	10.19—11.1	11.1—11.21	11.21—3.10	3.10—4.15	4.15—5.7	5.7—5.21	5.21—6.30	10.19—6.30
			天数/d	13	20	110	36	22	14	40	255
			需水量/mm	4.2	13.8	14.85	25.05	104.55	91.8	217.05	471.3
			日均需水量/(mm/d)	0.32	0.69	0.14	0.70	4.75	6.56	5.43	1.85
			模系数/%	0.89	2.93	3.15	5.32	22.18	19.48	46.05	100
		2009	起止日期/(月·日)	10.6—10.15	10.15—11.21	11.21—3.19	3.19—4.15	4.15—5.1	5.1—5.18	5.18—6.15	10.6—6.15
			天数/d	9	37	118	27	16	17	28	252
			需水量/mm	11.85	7.95	19.95	18.15	112.95	66.3	92.4	329.55
			日均需水量/(mm/d)	1.32	0.21	0.17	0.67	7.06	3.90	3.30	1.31
			模系数/%	3.6	2.41	6.05	5.51	34.27	20.12	28.04	100
		2004、2005、2008、2009	日需水量均值/mm	1.10	0.47	0.29	1.94	4.97	4.14	4.77	1.67
			偏差系数 C_v/%	43.94	36.74	46.38	64.64	25.13	35.29	18.35	12.79
	潇河	2003	起止日期/(月·日)	10.13—10.26	10.27—12.5	12.6—3.6	3.7—4.4	4.5—5.1	5.2—5.31	6.1—6.23	10.13—6.23
			天数/d	13	41	92	29	27	30	23	255
			需水量/mm	18.15	57	0.75	47.85	188.7	111.45	70.05	493.65
			日均需水量/(mm/d)	1.40	1.39	0.01	1.65	6.99	3.72	3.05	1.94
			模系数/%	3.68	11.55	0.15	9.69	38.23	22.58	14.19	100
		2004	起止日期/(月·日)	10.8—10.21	10.22—12.9	12.1—3.10	3.11—4.11	4.12—5.6	5.7—5.28	5.29—6.19	10.8—6.19
			天数/d	14	49	92	32	25	22	22	256
			需水量/mm	44.1	35.1	90.3	19.8	87.2	177.2	90.5	544.1

续表

地区	试验站	年份	项目	播种—分蘖	分蘖—越冬	越冬—返青	返青—拔节	拔节—抽穗	抽穗—灌浆	灌浆—收获	全生育期
晋中	潇河	2004	日均需水量/(mm/d)	3.15	0.72	0.98	0.62	3.49	8.05	4.11	2.13
			模系数/%	8.11	6.45	16.6	3.64	16.02	32.56	16.63	100
		2005	起止日期/(月.日)	9.23—10.1	10.2—11.20	11.21—3.10	3.11—4.20	4.21—5.10	5.11—5.30	5.31—6.20	9.23—6.20
			天数/d	9	50	110	41	20	13	18	261
			需水量/mm	9.45	45.6	51.6	39.3	117.3	105.45	117.45	486
			日均需水量/(mm/d)	1.05	0.91	0.47	0.96	5.87	8.11	6.53	1.86
			模系数/%	1.94	9.38	10.62	8.09	24.14	21.7	24.17	100
		2003、2004、2005	日需水量均值/mm	1.24	0.67	0.32	0.72	3.63	4.42	3.04	1.32
			偏差系数Cv/%	60.36	34.46	100.14	48.85	32.84	38.05	39.09	6.87
吕梁	文峪河灌区	2003	起止日期/(月.日)	10.15—11.20	11.21—11.30	12.1—3.10	3.11—4.11	4.12—5.12	5.13—5.26	5.27—6.20	10.15—6.20
			天数/d	37	10	100	32	31	13	26	249
			需水量/mm	49.95	51.3	49.65	31.35	95.25	64.65	124.65	466.8
			日均需水量/(mm/d)	1.35	5.13	0.50	0.98	3.07	4.97	4.79	1.87
			模系数/%	10.7	10.99	10.64	6.72	20.4	13.85	26.7	100
		2004	起止日期/(月.日)	10.21—10.31	11.1—11.30	12.1—3.10	3.11—4.10	4.11—5.6	5.7—5.23	5.24—6.20	10.21—6.20
			天数/d	11	30	101	31	26	17	28	244
			需水量/mm	43.5	105.8	38.9	93.8	59.7	68.7	70.8	441.9
			日均需水量/(mm/d)	3.95	3.53	0.38	3.02	2.30	4.04	2.53	1.81
			模系数/%	9.84	23.93	8.79	21.22	13.51	15.55	16.02	100

续表

地区	试验站	年份	项目	播种—分蘖	分蘖—越冬	越冬—返青	返青—拔节	拔节—抽穗	抽穗—灌浆	灌浆—收获	全生育期
吕梁	文峪河灌区	2006	起止日期/(月·日)	10.21-10.31	11.1-11.30	12.1-3.10	3.11-4.13	4.14-5.16	5.17-5.26	5.27-6.20	10.21-6.20
			天数/d	11	30	100	34	33	10	25	243
			需水量/mm	6.9	18.5	30.0	4.5	76.4	56.6	6.9	199.7
			日均需水量/(mm/d)	0.63	0.62	0.30	0.13	2.31	5.66	0.28	0.82
			模系数/%	1.76	12.18	16.74	15.88	22.47	8.89	22.07	100
		2008	起止日期/(月·日)	10.20-10.31	11.1-11.30	12.1-3.10	3.11-4.12	4.13-5.10	5.11-5.26	5.27-6.20	10.20-6.20
			天数/d	11	30	101	33	28	16	25	244
			需水量/mm	82.8	68.1	46.8	62.1	76.1	94.2	134.3	564.3
			日均需水量/(mm/d)	7.53	2.27	0.46	1.88	2.72	5.89	5.37	2.31
			模系数/%	14.67	12.07	8.29	11	13.48	16.69	23.79	100
		2003、2004、2006、2008	日需水量均值/mm	2.33	2.88	0.36	1.50	2.60	5.15	3.33	1.71
			偏差系数 C_v	114.32	57.47	36.29	71.56	12.37	14.03	59.75	31.95
长治	黎城	2003	起止日期/(月·日)	10.20-10.31	11.1-12.1	12.2-3.10	3.11-4.10	4.11-4.28	4.29-5.20	5.21-6.20	10.20-6.20
			天数/d	12	30	99	30	17	21	30	239
			需水量/mm	18.45	42.15	62.55	40.5	25.7	73.95	104.0	367.2
			日均需水量/(mm/d)	1.54	1.41	0.63	1.35	1.51	3.52	3.47	1.54
			模系数/%	5.02	11.48	17.03	11.03	6.99	20.14	28.31	100

续表

地区	试验站	年份	项　　目	播种—分蘖	分蘖—越冬	越冬—返青	返青—拔节	拔节—抽穗	抽穗—灌浆	灌浆—收获	全生育期
长治	黎城	2005	起止日期/（月·日）	9.25—10.5	10.6—12.11	12.12—4.1	4.2—4.30	5.1—5.10	5.11—5.27	5.28—6.19	9.25—6.19
			天数/d	10	65	109	30	10	17	22	263
			需水量/mm	32.1	32.85	122.1	141.9	173.0	100.2	181.8	783.9
			日均需水量/(mm/d)	3.21	0.51	1.12	4.73	17.30	5.89	8.26	2.98
			模系数/%	4.1	4.2	15.6	18.1	22.1	12.8	23.2	100
		2006	起止日期/（月·日）	10.11—10.21	10.22—12.1	12.2—3.21	3.22—4.22	4.23—5.10	5.11—6.1	6.2—6.19	10.11—6.19
			天数/d	10	41	111	30	19	21	18	250
			需水量/mm	7.5	43.5	178.5	61.7	45.9	114.9	121.2	573.2
			日均需水量/(mm/d)	0.75	1.05	1.65	2.1	2.4	5.4	6.8	2.25
			模系数/%	1.8	10.2	42	14.5	10.8	27	28.5	134.7
		2008	起止日期/（月·日）	10.18—10.27	10.28—12.11	12.12—3.21	3.22—4.21	4.22—5.11	5.12—6.1	6.2—6.21	10.18—6.21
			天数/d	10	45	101	31	20	21	20	248
			需水量/mm	28.8	132.15	58.05	78.45	142.7	145.2	108.6	693.9
			日均需水量/(mm/d)	2.88	2.94	0.57	2.53	7.13	6.91	5.43	2.80
			模系数/%	4.2	19	8.4	11.3	20.6	20.9	15.7	100
		2012	起止日期/（月·日）	10.11—10.20	10.21—12.11	12.12—3.21	3.22—4.21	4.22—5.11	5.12—6.1	6.2—6.21	10.11—6.21
			天数/d	12	52	101	31	20	21	20	257
			需水量/mm	15.9	57.15	70.05	101.55	57.6	39.9	88.8	430.95
			日均需水量/(mm/d)	1.33	1.10	0.69	3.28	2.88	1.90	4.44	1.68
			模系数/%	3.7	13.3	16.3	23.6	13.4	9.3	20.6	100

生育阶段

续表

地区	试验站	年份	项目	播种—分蘖	分蘖—越冬	越冬—返青	返青—拔节	拔节—抽穗	抽穗—灌浆	灌浆—收获	全生育期
长治	黎城	2003、2005、2006、2008、2012	日需水量均值/mm	1.935	1.395	0.93	2.79	6.2	4.74	5.7	2.25
			偏差系数 C_v	48.63	58.56	42.31	41.46	93.71	37.91	29.83	25.63
		2003	起止日期/(月·日)	10.11—11.5	11.5—11.15	11.15—3.17	3.17—4.5	4.5—4.25	4.25—5.15	5.15—6.11	10.11—6.11
			天数/d	25	10	122	19	20	31	27	243
			需水量/mm	22.5	19.185	87.825	50.745	86.1	92.265	49.4	408.06
			日均需水量/(mm/d)	0.90	1.92	0.72	2.67	4.31	2.98	1.83	1.68
			模系数/%	5.51	4.7	21.52	12.44	21.1	22.61	12.12	100
临汾	临汾	2004	起止日期/(月·日)	10.6—11.15	11.15—11.25	11.25—3.5	3.5—4.5	4.5—4.25	4.25—5.5	5.5—6.7	10.6—6.7
			天数/d	40	10	101	31	20	10	33	245
			需水量/mm	130.8	15.3	28.1	65.6	48.5	31.3	121.8	441.5
			日均需水量/(mm/d)	3.27	1.53	0.28	2.12	2.43	3.13	3.69	1.80
			模系数/%	29.63	3.47	6.37	14.86	11	7.09	27.59	100
		2005	起止日期/(月·日)	10.5—11.12	11.12—11.22	11.23—3.1	3.1—4.1	4.1—4.21	4.21—5.11	5.11—6.10	10.5—6.10
			天数/d	38	10	97	31	20	20	31	247
			需水量/mm	62.7	16.5	33.2	61.2	74.6	76.5	146.9	471.6
			日均需水量/(mm/d)	1.65	1.65	0.34	1.97	3.73	3.83	4.74	1.91
			模系数/%	13.3	3.5	7.03	12.97	15.82	16.23	31.15	100

续表

地区	试验站	年份	项目	播种—分蘖	分蘖—越冬	越冬—返青	返青—拔节	拔节—抽穗	抽穗—灌浆	灌浆—收获	全生育期
临汾	临汾	2008	起止日期/(月·日)	10.11—11.10	11.11—11.30	12.01—2.29	3.01—3.31	4.01—4.30	5.01—5.10	5.11—6.17	10.11—6.17
			天数/d	30	20	91	31	30	10	38	250
			需水量/mm	69.8	23.7	29.1	36.2	61.4	48.6	67.7	336.4
			日均需水量/(mm/d)	2.33	1.19	0.32	1.17	2.05	4.86	1.78	1.35
			模系数/%	21.94	6.03	8.75	8.62	18.29	12.31	24.05	100
		2003、2004、2005、2008	日需水量均值/mm	2.04	1.58	0.42	1.98	3.14	3.69	3.02	1.68
			偏差系数 C_v	42.85	16.74	42.78	27.12	29.52	20.06	41.86	12.56
临汾	霍泉	2003	起止日期/(月·日)	10.1—10.10	10.11—11.30	12.1—12.10	12.11—3.31	4.1—4.20	4.21—4.30	5.1—6.10	10.1—6.10
			天数/d	10	51	10	111	20	10	41	254
			需水量/mm	12.0	77.3	56.6	61.2	94.7	57.9	183.8	543.3
			日均需水量/(mm/d)	1.20	1.51	5.66	0.55	4.73	5.79	4.48	2.14
			模系数/%	2.21	14.22	10.41	11.27	17.43	10.66	33.83	100
		2005	起止日期/(月·日)	10.10—10.21	10.22—12.11	12.12—2.21	2.22—4.11	4.12—5.1	5.2—5.21	5.22—6.11	10.10—6.11
			天数/d	12	51	72	50	20	20	21	246
			需水量/mm	4.4	82.7	28.8	72.6	69.5	114.3	128.3	500.1
			日均需水量/(mm/d)	0.36	1.62	0.40	1.45	3.47	5.72	6.11	2.03
			模系数/%	0.87	16.53	5.76	14.52	13.89	22.86	25.64	100
		2008	起止日期/(月·日)	10.1—10.21	10.22—12.1	12.2—2.21	2.22—4.1	4.2—4.21	4.22—5.11	5.12—6.11	10.1—6.11
			天数/d	21	41	82	40	20	20	31	255
			需水量/mm	38.6	39.3	16.8	51.2	79.4	99.0	192.2	516.3

生育阶段

续表

地区	试验站	年份	项目	播种—分蘖	分蘖—越冬	越冬—返青	返青—拔节	拔节—抽穗	抽穗—灌浆	灌浆—收获	全生育期
临汾	霍泉	2008	日均需水量/(mm/d)	1.84	0.96	0.20	1.28	3.97	4.95	6.20	2.02
			模系数/%	8.08	4.79	5.29	12.81	12.32	29.75	26.96	100
		2012	起止日期/(月.日)	10.17—11.2	11.3—12.11	12.12—3.1	3.2—4.11	4.12—5.1	5.2—5.21	5.22—6.14	10.17—6.14
			天数/d	15	41	81	41	20	20	24	242
			需水量/mm	17.7	48.6	36.6	120.6	94.8	94.2	51.2	463.8
			日均需水量/(mm/d)	1.18	1.19	0.45	2.94	4.74	4.71	2.13	1.92
			模系数/%	3.82	10.49	7.9	26	20.45	20.32	11.02	100
		2003、2005、2008、2012	日需水量均值/mm	1.14	1.32	1.68	1.56	4.23	5.30	4.73	2.03
			偏差系数 C_v	52.75	23	158.12	64.43	14.7	10.23	40.26	4.48
运城	夹马口	2004	起止日期/(月.日)	9.26—10.22	10.23—12.11	12.12—2.19	2.20—3.29	3.30—4.7	4.8—5.2	5.3—5.25	9.26—5.25
			天数/d	27	50	70	39	9	25	23	243
			需水量/mm	269.3	57.3	50.0	78.0	12.5	170.9	48.5	686.3
			日均需水量/(mm/d)	9.98	1.14	0.72	2.00	1.38	6.84	2.10	2.82
			模系数/%	39.2	8.3	7.3	11.4	1.8	24.9	7.1	100
		2005	起止日期/(月.日)	10.15—11.7	11.8—12.15	12.16—2.21	2.22—4.4	4.5—4.26	4.27—5.6	5.7—5.31	10.15—5.31
			天数/d	24	37	68	42	22	10	25	228
			需水量/mm	26.6	8.7	48.6	43.2	96.9	2.4	114.3	340.7
			日均需水量/(mm/d)	1.11	0.24	0.72	1.04	4.41	0.24	4.58	1.50
			模系数/%	7.8	2.6	14.3	12.7	28.4	0.7	33.6	100
		2004、2005	日需水量均值/mm	5.55	0.75	0.75	1.50	2.85	3.60	3.30	2.10
			偏差系数 C_v	80	66	0.1	32.1	52.2	93.2	36.9	30.8

生育阶段

续表

地区	试验站	年份	项目	播种—分蘖	分蘖—越冬	越冬—返青	返青—拔节	拔节—抽穗	抽穗—灌浆	灌浆—收获	全生育期
运城	新绛县鼓水	2004	起止日期/（月·日）	10.5—10.31	11.1—12.10	12.11—2.18	2.19—3.31	4.1—4.30	5.1—5.15	5.16—6.8	10.5—6.8
			天数/d	27	40	72	41	30	15	24	249
			需水量/mm	67.8	46.2	11.0	41.0	70.4	75.9	95.3	407.4
			日均需水量/(mm/d)	2.51	1.16	0.15	1.01	2.34	5.06	3.98	1.64
			模系数/%	16.6	11.3	2.7	10.1	17.3	18.6	23.4	100
		2005	起止日期/（月·日）	10.8—10.31	11.1—12.10	12.11—2.18	2.19—3.31	4.1—4.30	5.1—5.15	5.16—6.10	10.8—6.10
			天数/d	24	40	72	41	30	15	26	248
			需水量/mm	20.7	31.2	69.8	43.2	64.1	77.6	106.4	412.8
			日均需水量/(mm/d)	0.87	0.78	0.98	1.05	2.13	5.18	4.10	1.67
			模系数/%	5	7.6	16.9	10.5	15.5	18.8	25.8	100
		2008	起止日期/（月·日）	10.11—11.10	11.11—12.20	12.21—2.20	2.21—3.31	4.1—4.30	5.1—5.15	5.16—6.10	10.11—6.10
			天数/d	31	40	72	40	30	15	26	254
			需水量/mm	37.8	27.2	48.8	64.4	103.7	102.0	41.7	425.4
			日均需水量/(mm/d)	1.22	0.68	0.68	1.61	3.45	6.80	1.61	1.68
			模系数/%	8.9	6.4	11.5	15.1	24.4	24	9.8	100
		2004，2005，2008	日需水量均值/mm	1.50	0.90	0.60	1.20	2.70	5.70	3.15	1.65
			偏差系数 C_v	46.3	23.5	56.4	22.6	21.9	14	35.5	1
	平陆县红旗	2003	起止日期/（月·日）	10.4—11.10	11.11—12.10	12.11—2.10	2.11—3.20	3.21—4.20	4.21—5.10	5.11—6.6	10.4—6.6
			天数/d	37	30	62	38	31	20	27	245
			需水量/mm	52.7	24.2	61.5	40.2	100.8	110.6	66.6	456.5
			日均需水量/(mm/d)	1.43	0.81	0.99	1.07	3.26	5.54	2.46	1.86
			模系数/%	11.5	5.3	13.5	8.8	22.1	24.2	14.6	100

续表

地区	试验站	年份	项目	播种—分蘖	分蘖—越冬	越冬—返青	返青—拔节	拔节—抽穗	抽穗—灌浆	灌浆—收获	全生育期
运城	平陆县红旗	2004	起止日期/(月.日)	10.16—11.21	11.21—12.10	12.11—2.10	2.11—3.20	3.21—4.20	4.21—5.10	5.11—6.9	10.16—6.9
			天数/d	35	30	62	39	31	20	30	247
			需水量/mm	47.4	17.1	14.1	28.8	86.0	115.8	144.2	453.3
			日均需水量/(mm/d)	1.35	0.57	0.23	0.74	2.78	5.79	4.80	1.83
			模系数/%	10.5	3.8	3.1	6.4	19	25.5	31.8	100
		2005	起止日期/(月.日)	10.9—10.31	11.1—12.10	12.11—2.10	2.11—3.20	3.21—4.20	4.21—5.10	5.11—5.31	10.9—5.31
			天数/d	22	40	62	38	31	20	21	234
			需水量/mm	26.7	25.8	38.3	29.3	49.4	80.1	95.1	344.6
			日均需水量/(mm/d)	1.22	0.65	0.62	0.77	1.59	4.01	4.53	1.47
			模系数/%	7.7	7.5	11.1	8.5	14.3	23.2	27.6	100
		2007	起止日期/(月.日)	10.9—10.31	11.1—12.10	12.11—2.10	2.11—3.20	3.21—4.20	4.21—5.10	5.11—5.28	10.9—5.28
			天数/d	22	40	62	38	31	20	18	231
			需水量/mm	39.3	2.6	32.9	69.9	140.6	148.4	83.6	517.1
			日均需水量/(mm/d)	1.79	0.06	0.53	1.85	4.53	7.43	4.64	2.24
			模系数/%	7.6	0.5	6.4	13.5	27.2	28.7	16.2	100
		2012	起止日期/(月.日)	10.19—11.19	11.20—12.09	12.10—2.19	2.20—3.19	3.20—4.19	4.20—5.09	5.10—6.03	10.19—6.03
			天数/d	32	20	72	29	31	20	24	228
			需水量/mm	18.5	7.5	32.4	86.4	102.6	95.0	70.4	412.5
			日均需水量/(mm/d)	0.60	0.45	0.45	3.00	3.30	4.80	3.00	1.80
			模系数/%	4.5	1.8	7.9	20.9	24.9	23	17	100
		2003、2004、2005、2007、2012	日需水量均值/mm	1.20	0.45	0.60	1.50	3.15	5.55	3.90	1.80
			偏差系数 C_v	31.1	51.8	44.4	57.5	30.7	20.8	25.2	13.2

注　冬小麦年份指收获年份。

84

三、山西小麦需水量空间变化分析

1. 小麦阶段需水量分析

根据 1995—2013 年期间分布于全省的 10 个试验站作物需水量田间试验和灌溉制度试验的资料，按照前面介绍的统计方法，分地市分析研究了春小麦、冬小麦作物的多年平均需水量及需水规律，见表 3-9 和表 3-10。

表 3-9　　　　　　　　　　春小麦阶段需水量表

地区	试验站	项　　目	生　育　阶　段						全生育期
			播种—出苗	出苗—分蘗	分蘗—拔节	拔节—抽穗	抽穗—灌浆	灌浆—收获	
大同	御河 (5a)	平均天数/d	21.2	19.4	11.4	13.2	15.0	27.6	108.0
		需水量均值/(m³/hm²)	304.5	481.5	546.0	894.0	988.5	1279.5	4492.5

表 3-10　　　　　　　　　　冬小麦阶段需水量表

地区	试验站	项　　目	生　育　阶　段							全生育期
			播种—分蘗	分蘗—越冬	越冬—返青	返青—拔节	拔节—抽穗	抽穗—灌浆	灌浆—收获	
吕梁	文峪河 (5a)	平均天数/d	17.5	25.0	100.5	32.5	29.5	14.0	26.0	245.0
		需水量均值/(m³/hm²)	457.5	609.0	412.5	478.5	768.0	709.5	841.5	4182.0
晋中	中心站 (4a)	平均天数/d	11.0	35.0	112.5	31.3	19.0	17.3	31.8	258.0
		需水量均值/(m³/hm²)	114.0	150.0	309.0	598.5	925.5	681.0	1536.0	4315.5
	潇河 (3a)	平均天数/d	12.0	46.7	98.0	34.0	24.0	21.7	21.0	258.0
		需水量均值/(m³/hm²)	238.5	459.0	475.5	357.0	1311.0	1314.0	927.0	5085.0
长治	黎城 (5a)	平均天数/d	10.8	46.6	104.2	30.4	17.2	20.2	22.0	251.0
		需水量均值/(m³/hm²)	205.5	615.0	982.5	847.5	889.5	948.0	1207.5	5697.0
临汾	霍泉 (4a)	平均天数/d	14.5	46.0	61.3	60.5	20.0	17.5	29.3	249.0
		需水量均值/(m³/hm²)	181.5	619.5	346.5	763.5	844.5	913.5	1387.5	5058.0
	汾西 (4a)	平均天数/d	37.7	13.3	100.7	28.0	22.5	17.7	32.2	246.0
		需水量均值/(m³/hm²)	787.5	193.5	412.5	534.0	676.5	621.0	964.5	4143.0
运城	鼓水 (3a)	平均天数/d	27.3	40.0	72.0	40.7	30.0	15.0	25.3	250.0
		需水量均值/(m³/hm²)	421.5	348.0	432.0	495.0	793.5	852.0	811.5	4152.0
	夹马口 (2a)	平均天数/d	25.5	43.5	69.0	40.5	15.5	17.5	24.0	236.0
		需水量均值/(m³/hm²)	1479.0	330.0	493.5	606.0	547.5	867.0	814.5	5134.5
	红旗 (5a)	平均天数/d	29.6	32.0	64.0	36.4	31.0	20.0	24.0	237.0
		需水量均值/(m³/hm²)	369.0	154.5	358.5	508.5	958.5	1099.5	919.5	4368.0
各站冬小麦综合情况		平均天数/d	20.7	36.5	86.9	37.1	23.2	17.9	26.2	247.8
		需水量均值/(m³/hm²)	472.7	386.5	469.2	576.3	857.2	889.5	1045.5	4681.7

由表 3-9 和表 3-10 可知，山西省主要是在北部地区种植春小麦，且种植面积较少，灌溉试验站仅 1 个。山西小麦以冬小麦为主，主要分布在山西省的中部和南部地区，冬小麦灌溉试验站有 9 个。根据表 3-9 和表 3-10 分析可得，春小麦比冬小麦少了一个越冬阶段，但是除了越冬阶段之外，其他阶段春小麦和冬小麦的阶段耗水量具有相似的变化规律，都表现出从播种到收获，阶段的需水量呈递增的趋势，且春小麦在后期抽穗—灌浆及灌浆—收获这两个阶段比冬小麦的作物需水量要大，平均要大 10~23mm 左右。这主要是春小麦的收获时间大约是在 7 月中下旬，而冬小麦的收获时间大约是在 6 月上中旬，因此，在抽穗到收获阶段春小麦的作物需水量要比冬小麦大。

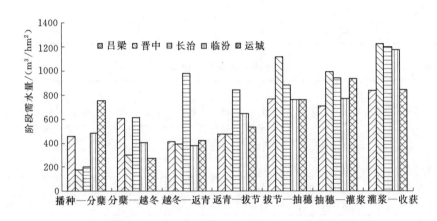

图 3-11　山西省不同地区冬小麦阶段需水量对比分析图

由图 3-11 可以看出，山西省地区冬小麦的种植区域从北向南（吕梁、晋中、长治、临汾、运城）来看，除了长治地区，其他地区冬小麦从播种到收获表现出来的规律基本相似，长治地区冬小麦在返青到越冬及越冬到拔节阶段比其他地区需水量都大，这可能与长治黎城的试验站所在的位置有关，该试验站不像其他试验站位于盆地之中，而是位于一个海拔相对较高，且处于风口处，因此风速较大，作物需水量也较大。从拔节（第 5 个阶段）到收获阶段来看，晋中地区的阶段需水量最大，依次是长治、临汾、运城，基本上呈现出从南到北阶段需水量递减的变化规律。

2. 全生育期小麦需水量分析

图 3-12 是山西省吕梁、晋中、长治、临汾及运城地区冬小麦全生育期需水量，由图 3-12 可以看出，这几个地区除了长治，其他的需水量都相差不大，主要原因是长治黎城的灌溉试验站所处的位置，风速大，加大了作物的耗水量，因此作物需水量较大。

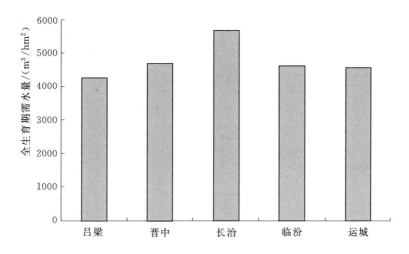

图 3 - 12　冬小麦全生育期需水量

四、适宜土壤水分下限分析

在山西省水资源短缺越来越严重的形势下，实施由传统的丰水高产向节水高效的非充分灌溉转变为大势所趋，而在非充分灌溉技术体系中，确定适宜的土壤水分下限指标，是非充分灌溉研究的重要内容。土壤水分适宜下限值，亦称灌水始点，是指适宜于小麦生长生育的最低土壤水分限量，是指示灌水的重要指标之一。它决定着小麦灌水的开始时间和灌水次数，也影响灌水量的确定，对制定小麦的灌溉制度和进行灌溉用水实时管理具有重要的现实指导意义。根据这一概念可以直接结合各种农业栽培技术和管理措施，通过对土壤水分的调控，减少灌水次数和灌水量，进而减少地表无效蒸发量和过度蒸腾，提高小麦水分利用效率。

1. 土壤水分下限的概念

土壤含水率的大小与小麦的生长有着密切的关系，对某一类型的土壤和气候区，当土壤含水率降到一定的范围时，小麦生长受到限制。一般情况下，当土壤含水率介于小麦生长阻滞含水率与田间持水率之间时，小麦生长正常；当土壤含水率介于凋萎含水率与小麦生长阻滞含水率之间时，小麦将处于中度受旱状态；当土壤含水率接近凋萎系数时，说明小麦严重受旱。

土壤水分下限值是土壤供给植物可利用水分的临界值，当土壤水分含量降低到土壤水分下限值时，就会对小麦的生长发育及产量造成明显的影响，此时灌溉补水可以解除干旱威胁使小麦正常生长。

土壤水分下限受到小麦生育阶段和土壤的质地和容重等因素的影响。

2. 适宜土壤水分下限试验结果

根据统计分析1995—2012年间分布于全省的10个试验站小麦需水量田间试验和灌溉制度试验资料，按照上述方法，分地市求出了春小麦、冬小麦作物生长期适宜土壤水分下限值，见表3-11和表3-12。

表3-11　　　　　　山西省大同御河试验站春小麦灌水下限值汇总表

项目	产量 /(kg/hm²)	耗水量 /mm	生育阶段灌水下限均值（占田间持水量比）/%						年份
			播种—出苗	出苗—分蘖	分蘖—拔节	拔节—抽穗	抽穗—灌浆	灌浆—收获	
均值	4103.7	439.1	67.7	55.5	53.5	54.0	50.4	45.3	1995—1997、2003、2005
范围	3243~5926	346.3~581.7	61.7~73.7	49.3~61.7	45.7~61.3	52.8~55.1	48.8~52.0	38.4~52.2	
偏差系数 C_v/%	23.45	19.07	8.85	11.20	14.52	2.06	28.57	19.50	

表3-12　　　　　　　　冬小麦不同阶段灌水下限值汇总表

地区	试验站	项目	产量 /(kg/hm²)	耗水量 /(m³/hm²)	生育阶段灌水下限均值（占田间持水量比）/%							年份
					播种—分蘖	分蘖—越冬	越冬—返青	返青—拔节	拔节—抽穗	抽穗—灌浆	灌浆—收获	
吕梁	文峪河	均值	6329.2	480.9	69.2	70.0	61.0	59.4	62.8	64.4	60.2	2003、2004、2006、2008
		范围	5760~6720	441~564	58.9~75.2	67.5~75.2	56.4~62.8	55.1~67.5	57.6~65.1	61.4~67.2	54.7~63.8	
		偏差系数 C_v/%	5.58	10.18	8.95	4.50	4.39	8.09	5.25	3.67	6.12	
晋中	中心站	均值	4060.5	4087.2	80.5	73.1	74.7	65.2	62.5	56.4	50.2	2004、2005、2008、2009
		范围	1821~5662	329~471	72.4~92.0	63.5~81.6	62.0~74.9	58.9~71.7	51.4~74.3	44.9~74.3	41.7~59.4	
		偏差系数 C_v/%	36.5	14.7	9.2	9.6	11.8	8.6	12.9	21.4	15.7	
	潇河	均值	5292.0	489.0	78.4	69.1	69.3	62.1	56.1	53.8	53.8	2003、2005
		范围	4549~6034	486~493	72.8~83.9	61.0~77.1	56.7~81.7	58.3~65.3	52.1~60.0	52.8~54.6	47.8~59.6	
		偏差系数 C_v/%	14.0	0.8	7.1	11.6	18.0	5.2	7.0	2.0	11.0	

续表

地区	试验站	项目	产量 /(kg/hm²)	耗水量 /(m³/hm²)	生育阶段灌水下限均值（占田间持水量比）/%							年份
					播种—分蘖	分蘖—越冬	越冬—返青	返青—拔节	拔节—抽穗	抽穗—灌浆	灌浆—收获	
长治	黎城	均值	4060.5	4061.5	76.1	70.1	70.8	67.2	64.0	68.0	63.0	2003、2005、2006、2008、2012
		范围	6375~11272	367~693	68.0~82.9	64.6~76.1	62.1~87.6	63.4~74.4	56.1~74.0	52.7~74.8	55.7~68.9	
		偏差系数 C_v/%	24.2	21.9	7.7	5.6	13.0	6.0	10.1	11.5	9.2	
临汾	汾西	均值	4060.5	4061.5	73.3	68.2	66.0	60.7	56.2	58.8	59.9	2003、2004、2005、2008
		范围	6000~7504	408~471	68.3~78.6	58.5~77.9	51.0~77.9	48.1~76.0	44.2~62.2	48.4~66.5	49.6~69.6	
		偏差系数 C_v/%	10.30	5.13	5.04	10.56	14.78	19.64	12.67	11.08	12.15	
	霍泉	均值	4060.5	4061.5	80.6	75.4	74.7	65.7	71.8	73.7	65.3	2003、2005、2008、2012
		范围	5628~8814	463~543	78.0~82.1	70.7~86.1	67.8~78.8	61.3~71.5	62.6~79.2	65.8~77.2	53.6~72.7	
		偏差系数 C_v/%	18.9	5.7	1.9	8.3	5.5	5.5	8.9	6.3	11.2	
	夹马口	均值	4335	513.5	88.1	78.4	72.2	62.9	74.7	60.4	46.7	2004、2005
		范围	4050~4620	340~686	79.1~97.2	76.8~80.0	69.4~75.0	61.5~64.3	56.0~93.5	53.2~67.9	44.4~49.0	
		偏差系数 C_v/%	6.5	33.6	10.2	2.0	3.8	2.2	25.8	11.8	4.5	
运城	鼓水	均值	6814.95	415.6	69.9	66.1	73.4	61.9	66.9	66.3	60.2	2004、2005、2008
		范围	6345~7095	407~426	68.5~72.3	61.2~69.7	66.8~77.8	57.8~64.2	64.6~68.9	52.3~73.6	50.2~74.4	
		偏差系数 C_v/%	4.9	2.0	2.5	5.4	6.5	4.7	2.6	15.0	17.1	
	红旗	均值	5162.7	445.9	59.5	57.2	69.8	63.1	65.7	60.1	57.7	2003、2004、2005、2008
		范围	3918~7027	344~517	50.9~77.3	43.6~79.4	58.1~78.1	49.5~73.9	52.9~88.8	56.7~72.2	43.1~74.3	
		偏差系数 C_v/%	20.0	12.6	15.5	21.4	11.0	15.3	19.8	20.3	20.1	

第三节　灌溉制度对小麦产量
影响的试验研究

小麦的灌溉制度是指小麦播种前及全生育期内的灌水次数、每次的灌水日期和灌水定额以及灌溉定额。灌水定额是指一次灌水单位灌溉面积上的灌水量，各次灌水定额之和称为灌溉定额。灌水定额和灌溉定额常以 $m^3/$ 亩或 mm 表示，它是灌区规划及管理的重要依据。

小麦灌溉制度，根据灌溉供水是否能够满足小麦的需水要求，可分充分供水的灌溉制度和非充分供水的灌溉制度。充分供水的灌溉制度是指充分的满足小麦的需水要求，而不因为供水不足使小麦减产，其追求目标是充分满足小麦需水要求，达到高产，充分供水的灌溉制度也称为丰产灌溉制度或高产灌溉制度。非充分供水的灌溉制度是指灌溉供水紧缺，有意的，或因客观的、自然的原因，不能满足小麦需水要求，导致小麦因受旱减产。依据可供灌溉水资源情况，或追求目标不同，小麦非充分供水的灌溉制度又可分为经济用水的灌溉制度、限额供求的灌溉制度、省水灌溉制度，以及调亏灌溉条件下的灌溉制度。经济用水的灌溉制度是指因水资源紧缺，灌溉供水水价较高，灌溉供水水费已在农业生产成本中占有足够大的比例，已不能再忽略不计，而寻求适量的灌溉，使得因灌溉增产与投入之间合理平衡而获得最大纯收益。经济用水灌溉制度也有两个不同的追求目标，一个是通过合理确定灌溉供水量，使单位面积纯收益最大，另一个是通过合理确定灌溉供水量，使单位水资源的纯收益最大。

限额供水的灌溉制度是指水资源不能满足小麦需水要求，或是水量不足，或是灌溉供水时间不及时。限额供水灌溉制度目标是通过灌溉供水时间或供水数量的合理调节，使得有限水资源能生产出尽可能高的小麦产量或小麦产值。

省水灌溉制度是指通过合理确定灌溉供水量，使得单位供水（包括自然降水和地下水向小麦根系层的补给量等全部可为小麦蒸发蒸腾消耗的水资源）的产量最大。

关于节水型灌溉制度。由于工农业生产的发展，人口的增加，人民生活水平的提高，加之近些年来气候干旱，水资源严重紧缺，迫使各行各业都提出了节水的问题。尤其是农业，更早地提出了节水灌溉的问题。并相继推出了多种节水灌溉方法、节水灌溉设备，以及节水灌溉管理措施等。其中节水型灌溉制度就属于节水灌溉管理措施之一。关于节水的概念，有多种提法，但以提高单位水资源的利用效率，即提高有限水资源的产出更为合适，而且节水应包含一个相对概念，即无论是什么新的方法或措施，只要能够较传统的或现有的灌溉方法或措施提高水资源的利用效率，就属于是节水的灌溉方法和节水的灌溉措施。以此为基础，与充分供水的灌溉制度相比较而言，经济用水的灌溉制度、限额供水的灌溉制度和省水的灌溉制度等都是节水型灌溉制度。

制定灌溉制度的目的，是期望以较小的灌溉投入获得相同的效益或者以相同的灌溉投入获取最大的效益。从灌溉节水来讲就是以较小的灌水量获得相同的产量，即单方灌水效益最大；或者以相同的灌水量取得最大产量，即灌区总产量最大。为探求限额供水的灌溉制度，进行了节水型灌溉制度专题试验。作为节水灌溉制度的一个比较标准，首先分析了灌水时间、灌水次数和灌水定额对小麦产量的影响，其次再根据小麦需水规律，制定出全省各地的充分供水的灌溉制度。

一、灌水时间对小麦产量的影响

不同灌水定额不同灌水时间对小麦产量影响的试验结果见表3-13。

表 3-13 不同灌水定额不同灌水时间灌溉增产效果比较

作物	试验站	年份	灌水量/mm 与灌水时间/(月.日)				灌水次数	灌溉定额/mm	产量/(kg/hm²)	灌溉增产量/(kg/hm²)	单方灌水增产量/(kg/m³)
冬小麦	汾西	干旱年(1987)	60/12.5	60/4.21			2	120	5170.5	1555.5	1.30
			90/12.5	90/4.21			2	180	5206.5	1591.5	0.88
			60/12.6		66/5.2		2	126	4695.0	1080.0	0.86
			90/12.6		66/5.2		2	156	4897.5	1282.5	0.82
							0	0	3615.0		
春小麦	神溪	干旱年(1987)		80.5/5.15	89.1/5.3		2	169.6	2302.5	1440.0	0.85
					99.4/5.25	105/7.1	2	204.4	2242.5	1380.0	0.68
							0		862.5		

冬小麦：冬季分蘖、拔节灌两水的单方灌水效果为 0.88～1.30kg/m³，比冬季分蘖、抽穗灌两不的 0.82～0.86kg/m³，高 0.25kg/m³。春小麦灌拔节、抽穗两水的单方灌水效果为 0.85kg/m³，比抽穗、灌浆灌水的 0.68kg/m³，高 0.17kg/m³。这些结果表明，合理选择灌水时间，抓住受旱减产最严重的期间灌水，就能把有限的水用在增产的关键时候，可有效地提高水分生产效率。

二、灌水定额对作物产量的影响

为了分析试验结果，先简要地说明小麦的灌溉制度试验设计处理，具体如下。

冬小麦：灌水次数分为 4 次、3 次、2 次；灌水定额分 60mm、75mm、90mm 3 种水平；灌水时间上分为冬季分蘖、拔节、抽穗、灌浆 4 个灌水时期。其灌水时间、灌水定额和灌溉定额组合如下：

冬一春三灌溉制度：在冬季分蘖、拔节、抽穗、灌浆，每期每次灌水量

60mm、75mm、90mm，灌溉定额分别为240mm、300mm、360mm 3 个处理。

冬一春二灌溉制度：在冬季分蘖、拔节、抽穗或灌浆，每期每次灌水定额60mm、75mm、90mm，灌溉定额分别为180mm、225mm、270mm 3 个处理。

冬一春一灌溉制度：在冬季分蘖、拔节或抽穗，每期每次灌水量 60mm、75mm、90mm，灌溉定额分别为120mm、150mm、180mm 3 个处理。

春小麦：灌水次数分为 4 次、3 次、2 次；灌水定额分 60mm、75mm、90mm 3 个水平，灌水时间上分为分蘖、拔节、抽穗、灌浆 4 个灌水时间，其灌水定额分配如下：

四水灌溉制度：分蘖、拔节、抽穗、灌浆，每期每次灌水定额 60mm、75mm、90mm，灌溉定额分别为 240mm、300mm、360mm 3 个处理。

三水灌溉制度：分蘖、抽穗或灌浆，每期每次灌水定额 60mm、75mm、90mm，灌溉定额分别为 180mm、225mm、270mm 3 个处理。

二水灌溉制度：拔节、抽穗或灌浆，每期每次灌水定额 $60m^3/$亩和 $90m^3/$亩，灌溉定额分别为 120mm 和 180mm 2 个处理。

以上各种作物均设有一个旱地处理（全生育期不灌水）作对照。

现将各地各种作物试验结果整理（表 3－14）。由表 3－14 可看出如下 3 个方面的结果：

（1）无论何种水文年型，总的趋势是随着灌溉供水量的增加，小麦的产量在增加。因此，在水量充沛时，为了获得尽可能多的粮食产量，还是应该多灌水。但是，若水资源不足，必须考虑高效用水，即从单方灌溉水的增产量分析确定合理的灌溉配水方案。

（2）在同等灌水次数条件下，随着灌水定额的增加，产量变化有所不同，当灌水次数少时，一般随着灌水定额的增加，产量在增加，当灌水次数较多时，随着灌水定额的增加，产量增加不明显，有的甚至在降低。但单方灌水增产量的变化趋势非常规律，即随着灌水定额的增加，单方灌水增产量在减小。这就要求，在缺水条件下，应考虑选择合适的灌水次数、灌水量，以求获得某一个区域的总产量最大，而不是单产最高。

（3）在同等灌水定额条件下，随着灌水次数的增加，小麦的产量普遍在增加，但灌水次数越多，增产幅度越小，在某些情况，还有降低，如冬小麦从灌 3 次水增加到 4 次水时，不仅增产幅度小，而且有产量降低的情况。从其单方灌水增产量变化趋势看，随着灌水次数的增加，单方灌水增产量在明显的减小。

（4）在相同的灌溉定额或灌溉定额较为接近时，以较大的灌水定额较少的灌水次数灌溉，就单方灌水增产效果看，可以获得以较小灌水定额和较多灌水次数灌溉同样的效果。如冬小麦干旱年 75mm 的灌水定额灌水 2 次和 3 次的单方灌水增产量均大于 60mm 灌水定额 3 次和 4 次灌水结果，而且灌水定额 90mm，2 次

表3-14　小麦不同灌溉制度效益分析

作物	水文年型	试验站名称	灌水次数	灌水定额 60mm				灌水定额 75mm				灌水定额 90mm			
				产量/(kg/hm²)	耗水量/mm	灌溉定额/mm	单方灌水产量/(kg/m³)	产量/(kg/hm²)	耗水量/mm	灌溉定额/mm	单方灌水产量/(kg/m³)	产量/(kg/hm²)	耗水量/mm	灌溉定额/mm	单方灌水产量/(kg/m³)
冬小麦	干旱年(1987)	夹马口汾西鼓水	4	4663.5	384.9	225.0	1.09	4663.5	384.9	225.0	0.42	4663.5	384.9	225.0	0.64
			3	4461.0	358.2	186.6	1.21	4461.0	358.2	186.6	1.37	4461.0	358.2	186.6	0.78
			2	3648.0	287.6	121.5	1.19	3648.0	287.6	121.5	1.67	3648.0	287.6	121.5	1.03
			0	2197.5	249.0										
			平均				1.16				1.16				0.81
	平水年	利民霍泉小樊	4	4537.5	447.9	241.5	0.83	4663.5	384.9	225.0	0.75	4663.5	384.9	225.0	0.53
			3	4615.5	409.2	179.6	1.16	4461.0	358.2	186.6	0.95	4461.0	358.2	186.6	0.84
			2	3919.5	361.1	120.0	1.16	3648.0	287.6	121.5	0.90	3648.0	287.6	121.5	1.17
			0	2530.5	260.0										
			平均				1.05				0.86				0.85
	丰水年	红旗鼓水利民	4	4081.5	448.8	240.0	0.54	4663.5	384.9	225.0	0.60	4663.5	384.9	225.0	0.50
			3	4642.5	398.6	180.0	1.03	4461.0	358.2	186.6	0.81	4461.0	358.2	186.6	0.64
			2	4054.5	381.2	117.6	1.07	3648.0	287.6	121.5	0.63	3648.0	287.6	121.5	0.89
			0	2782.5	254.6										
			平均				0.88				0.68				0.68
		综合平均					1.03				0.90				0.78
春小麦	干旱年(1987)	神溪	3	4734.0	426.0	244.8	1.39	3648.0	287.6	121.5	1.05	3585.0	548.6	347.4	0.78
			2	3300.0	474.0	192.3	1.27	2302.5	426.5	169.7	0.85	2242.5	379.5	204.2	0.68
			1	862.5	235.4	235.4									
			0												
			平均				1.33				0.95				0.80

93

灌水处理的单方灌水增产量接近于灌水定额 60mm 灌水 4 次的结果。再如冬小麦平水年灌水定额 75mm，2 次和 3 次灌水的单方灌水增产量均大于灌水定额 60mm，4 次灌水处理；灌水定额 90mm，2 次灌水处理的单方灌水增产量也接近于灌水定额 60mm，灌水次数 3 次处理的单方灌水增产量。这一结果表明，在一定的范围内，可以采用较大灌水定额以减小灌水次数，这样可以减少灌溉管理费用，同时减少灌溉后造成地面湿润时间，从而减少无效的地面蒸发损失，提高有限灌溉水的利用效率。

综上所述，在灌水次数比较多的情况下，灌水定额以 60mm 的灌溉增产效果最佳，依次是 75mm 和 90mm。但在灌水次数较少时，适当增大灌水定额，仍可以获得较高的单方灌水增产量。

三、灌水次数对小麦产量的影响

灌水定额一定时，灌水次数对产量有一定的影响，一般情况是随着灌水次数的增加，小麦的产量逐渐增加，但是当灌水的次数增加到一定程度时，产量随着灌水的次数的增加而减少，如晋中中心试验站 2004 年的试验，可以看出灌水 3 次的产量为 5044.5kg/hm²，灌水 4 次的产量为 4888.5kg/hm²，可见，灌水 4 次的产量要比 3 次的少，见表 3-15。

表 3-15　　　　　　　　　灌水次数对小麦产量的影响

地区	试验站	年份	耗水量 /mm	产量 /(kg/hm²)	降水量 /mm	灌溉定额 /mm	灌水次数
晋中	中心站	2004	645.50	4888.5	55.5	300	4
			500.40	5044.5	55.5	180	3
			440.70	3721.5	55.5	105	2
			350.60	3483.0	55.5	45	1
			301.40	2332.5	55.5	0	0
	潇河	2004	543.90	5656.5	157.4	300	4
			423.30	4540.5	157.4	180	3
			357.80	3120.0	157.4	105	2
			291.30	3876.0	157.4	45	1
			253.20	2664.0	157.4	0	0
		2005	486.00	4549.5	104.4	300	4
			352.20	3450.0	104.4	180	3
			265.20	2050.0	104.4	105	2
			209.60	1950.0	104.4	45	1
			154.50	1300.5	104.4	0	0

续表

地区	试验站	年份	耗水量 /mm	产量 /(kg/hm²)	降水量 /mm	灌溉定额 /mm	灌水次数
吕梁	文峪河	2003	466.80	6720.0	158.0	375	5
			346.65	5995.5	158.0	255	4
			270.75	5370.0	158.0	165	3
			211.65	4354.5	158.0	90	2
			158.70	2740.5	158.0	0	0
		2004	441.90	6477.0	126.3	375	5
			322.80	5841.0	126.3	255	4
			248.55	4954.5	126.3	165	3
			195.60	4567.5	126.3	90	2
			150.60	2203.5	126.3	0	0
		2007	450.60	6360.0	126.2	375	5
			329.85	5430.0	126.2	255	4
			264.30	5055.0	126.2	165	3
			196.05	4170.0	126.2	90	2
			146.25	1500.0	126.2	0	0
		2008	564.30	5760.0	181.9	375	5
			444.30	5355.0	181.9	255	4
			376.05	4545.0	181.9	165	3
			293.40	4072.5	181.9	90	2
			199.80	2106.0	181.9	0	0
临汾	霍泉	2003	543.90	7200.0	224.6	300	5
			462.75	5850.0	224.6	180	4
			396.60	4875.0	224.6	105	3
			341.55	4395.0	224.6	45	2
			324.90	1635.0	224.6	0	0
		2005	500.10	5628.0	138.8	300	4
			378.75	5005.5	138.8	180	3
			319.80	4950.0	138.8	105	2
			302.10	4782.0	138.8	45	1
			296.55	4467.0	138.8	105	0
			277.65	3951.0	138.8	0	0

续表

地区	试验站	年份	耗水量/mm	产量/(kg/hm²)	降水量/mm	灌溉定额/mm	灌水次数
运城	红旗	2003	456.45	4629.0	246.5	225	3
			391.35	4294.5	246.5	135	2
			353.40	4116.0	246.5	105	2
			308.10	3537.0	246.5	45	1
			269.85	2208.0	246.5	0	0
		2004	453.30	5193.0	161.4	300	4
			366.00	4930.5	161.4	180	3
			300.00	4746.0	161.4	105	2
			247.95	4257.0	161.4	45	1
			215.40	2977.5	161.4	0	0

四、小麦充分灌溉制度试验结果

充分灌溉是以获得高额稳定的单位面积产量为目标，要求小麦任何阶段都不因灌溉供水量不足，或者因灌溉供水不及时，导致小麦生长受到抑制而减产。要求小麦根系层土壤含水量或土壤水势控制在某一适宜范围内。当土壤水分因小麦蒸发蒸腾耗水降低到或接近于小麦适宜土壤含水率下限时，即进行灌溉。充分灌溉作为灌溉用水管理和灌溉制度设计基本理论依据，一直延续至今。表 3-16 是山西省各试验站小麦的充分灌溉试验制度。从表 3-16 中可以看出，同一个地区、不同年份小麦的产量随着灌水量和降雨量的增加先增加而后减少。因此同一地区不同年份，即使灌水量相同，一般来说，降雨量大的产量也较高。但是同一地区不同年份降雨不同，灌水量也不同，所以会出现此种情况。同一地区、不同年份灌水量相同时，产量也不一样，这主要是由降雨引起的，如潇河站 2003 年和 2004 年，灌水量都是 300mm，但是产量分别是 5656kg/hm²、4549kg/hm²，原因是 2003 年小麦生育期内的降雨量是 157.4mm，比 2004 年的降雨量多了 53mm。但是和潇河站 2002 年进行对比分析，发现 2002 年的灌水量为 225mm，降雨量为 182.4mm，虽然灌水量和降雨量两者之和比 2003 年的少 50mm，但产量却比 2003 年高了近 378kg/hm²，所以通过同一地区多年的灌溉试验，可以得到较符合实际的结果。潇河地区的小麦需水量大概为 400mm。但是 2004 年降雨量和灌水量之和也是 400mm，而产量较低（4549kg/hm²），主要原因是虽然整个生育期灌水量和降雨量之和一样，但是降雨的日期和灌水的日期是不同的，最终导致产量有显著差异。降雨的日期无法控制，但是可以调控灌水的日期，因此灌溉制度里除了确定灌水量之外，灌水的日期也是非常关键的。如临汾霍泉试验站 2003 年和 2005 年的试验，小麦生育期内降雨量相差不大，灌水量一样都是 300mm，灌水次数相同，但是灌水的时间不同，第一次灌水时间基本上一致，但是后三次的降水差别较大，2005 年分别是在 4 月 3 日、5 月 3 日和 5 月 25 日进行了灌水，而 2003 年在 5 月 1 日、5 月 26 日和 6 月 15 日进行了灌水，两年的灌水定额一样（75mm），但是 2005 年的产量是 2003 年的 1.5 倍。主要原因是灌水的时间不同，通过这两年的试验，可以得出 4 月初必须要灌拔节水，否则会直接导致小麦减产。

表 3－16　　　　　　　　山西省不同地区小麦灌溉试验制度表

地区	试验站	生育期/(年.月.日)	耗水量/mm	产量/(kg/hm²)	降水量/mm	灌溉定额/mm	灌水次数	灌水量/mm 灌水时间/(月.日)				
大同朔州区	御河	2005.4.3—2005.7.18	581.7	4807	100.7	300.0	4	75(5.10)	75(5.26)	75(6.10)	75(6.30)	
	御河	2005.3.28—2005.7.24	403.5	3705	160.2	178.4	3	75(4.28)	58.4(5.30)	45(7.6)		
晋中区	中心站	2004.9.23—2005.6.15	371.5	3676	83.9	300.0	5	60(4.7)	60(4.26)	60(5.7)	60(5.10)	60(6.1)
	中心站	2007.10.9—2008.6.32	471.3	5662		272.6	2	137.6(5.5)	135(5.22)			
	潇河	2002.10.13—2003.6.23	493.7	6034	182.4	225.0	3	(75)(拔节)	75(抽穗)	75(灌浆)		
	潇河	2003.10.8—2004.6.19	543.9	5656	157.4	300.0	4	75(12.11)	75(4.19)	75(5.7)	75(5.29)	
	潇河	2004.9.23—2005.6.21	486.0	4549	104.4	300.0	4	75(越冬)	75(拔节)	75(抽穗)	75(灌浆)	
吕梁	文峪河	2002.10.15—2003.6.20	466.8	6720	158.0	375.0	5	75(10.12)	75(11.30)	75(4.13)	75(5.18)	75(5.29)
	文峪河	2003.10.21—2004.6.20	441.9	6477	126.3	375.0	5	75(10.18)	75(11.28)	75(4.10)	75(4.27)	75(5.20)
	文峪河	2007.10.21—2008.6.20	564.3	5760	181.9	375.0	5	75(10.15)	75(11.26)	75(4.15)	75(5.20)	75(5.30)
长治区	黎城站	2002.10.20—2003.6.20	367.2	6375	150.6	225.0	3	75(11.25)	75(4.24)	75(5.16)		
	黎城站	2007.10.18—2008.6.21	693.9	11272	180.8	420.6	3	145.5(12.3)	150(5.3)	125.1(5.24)		
临汾区	霍泉	2002.10.1—2003.6.10	543.9	7200	224.6	300.0	5	75(11.3)	75(4.1)	75(5.15)		
	霍泉	2003.10.10—2004.6.11	500.1	5628	138.8	300.0	4	75(12.5)	75(4.3)	75(5.3)	75(5.25)	

续表

地区	试验站	生育期/(年.月.日)	耗水量/mm	产量/(kg/hm²)	降水量/mm	灌溉定额/mm	灌水次数	灌水量/mm 灌水时间/(月.日)			
临汾区	霍泉	2002.10.1—2003.6.10	278.8	3636	117.5	300.0	4	75 (12.3)	75 (5.1)	75 (5.26)	75 (6.1)
	汾西	2002.10.11—2003.6.11	408.0	6150	177.6	180.0	3	75 (3.11)	60 (4.14)	45 (5.25)	
		2003.10.6—2004.6.7	441.5	7425	177.8	105.0	2	60 (4.8)	45 (5.5)		
		2004.10.5—2005.6.10	471.6	6000	112.4	300.0	4	75 (3.1)	75 (4.11)	75 (5.11)	75 (5.25)
运城区	鼓水	2003.10.5—2004.6.10	407.4	6345	205.2	150.0	2	75 (4.7)	75 (5.10)		
		2004.10.8—2005.6.10	412.8	7095	129.7	225.0	3	75 (12.20)	75 (4.10)	75 (5.2)	
		2007.10.11—2008.6.10	426.9	7005	111.9	270.0	3	90 (12.15)	60 (4.8)	90 (5.1)	
	夹马口	2003.9.26—2004.5.25	686.2	4620	335.7	150.0	2	50 (3.1)	50 (4.6)		
		2004.10.15—2005.5.31	340.6	4050	102.0	150.0	2	50 (11.22)	50 (4.4)		
	红旗	2002.10.4—2003.6.6	456.4	4629	246.5	225.0	3	75 (12.13)	75 (3.22)	75 (4.23)	
		2003.10.16—2004.6.9	453.3	5193	161.4	300.0	4	75 (1.8)	75 (3.23)	75 (4.22)	75 (5.13)
		2004.10.9—2005.5.31	344.5	5046	100.1	300.0	4	75 (12.26)	75 (3.24)	75 (4.23)	75 (5.22)

第四章　小　麦　需　水　量

第一节　小麦需水量的计算方法

上述小麦需水量是以多年平均值表示的小麦需水量，也可称为小麦需水量均值。小麦需水量均值直观明了，便于应用，其结果在工程规划设计及灌溉用水管理中得到广泛应用。但是小麦需水量均值抹杀了小麦需水量的年际变化，对工程设计规模会造成不同程度的影响，如干旱年（75%频率）的小麦需水量可能普遍大于一般年（50%频率）的小麦需水量值。而设计过程中采用了多年平均值，有可能使灌溉工程规模（灌溉面积）计算偏大。另一方面，试验年限毕竟系列较短，其小麦需水量有可能偏丰或者偏枯，影响工程规划设计精度。鉴于此，人们提出了采用气象资料和小麦系数逐年计算小麦需水量的方法。由此计算的小麦需水量可考虑年际间和地区间小麦需水量的变化，从而提高小麦需水量的计算精度。

为了提高灌溉工程规划设计精度，提高灌溉预报精度，在无试验资料地区，须通过小麦需水量与气候因子之间的关系进行分析计算；另外，为了考虑年际间小麦需水量的变化，也需要分析无试验资料年份的小麦需水量。为此，人们对利用气象资料计算小麦需水量的方法进行了广泛的研究，提出了多种计算方法。但是普遍使用的方法主要有如下三种。直接计算法、基于阻力概念的机理性方法（大叶模型等）和参考小麦需水量法。

一、直接计算法

计算小麦需水量的直接法是指利用小麦需水量与其影响因素的相关关系建立经验公式，使用经验公式计算小麦需水量。常用的方法有水面蒸发量法和积温法等。

1. 水面蒸发量法（α 值法）

用水面蒸发量为参数估算小麦需水量的方法早在 1916—1917 年美国的 Briggs 和 Shanz 就曾提出过（康绍忠，1995 年），其后世界上不少国家也在这方面进行了研究，该法采用的公式为

$$ET = \alpha E_0 \qquad\qquad (4-1)$$

或

$$ET = \alpha E_0 + b \qquad\qquad (4-2)$$

式中：E_0 为全生育期内的水面蒸发量；α 为需水系数，即全生育期总需水量与 E_0 的比值；b 为经验常数，其他符号意义同前。

由于水面蒸发量易于观测，因此该法较为简便实用，国外曾有人以水面蒸发量作为小麦需水量预报和田间实时预报的基本参数，进行自动化灌溉管理。由于小麦腾发量与水面蒸发量都是水汽扩散，故水面蒸发推求需水量是合理的。

2. 积温法

积温法公式为

$$ET=\beta T \tag{4-3}$$

或
$$ET=\beta T+S \tag{4-4}$$

式中：T 为小麦全生育期内的日平均气温的累积值，℃；β 为经验系数，mm/℃；S 为经验常数；其他符号意义同前。

其他方法还有如日照时数法，以饱和差为参数的方法，以水面蒸发、产量或以积温和产量为参数的多因素法（康绍忠，1995）。由于公式经验系数随地区变化较大，都不便于使用。

二、基于阻力概念的机理性方法

这类方法是根据一定的模式直接计算小麦各生育阶段的需水量，包括水汽扩散法、能量平衡法和综合法等。这些方法所用的模式通常是根据实际测定数据拟合的一些经验公式。有的是将实测的小麦需水量数据与其他相关数据（如水面蒸发量、气温、日照时数、风速、饱和差等）关联在一起进行分析，确定表达它们之间相关关系的经验模式，然后反过来利用这些经验模式估算各生育阶段的需水量。有些是基于水汽扩散理论或能量平衡过程来推导表达小麦需水量与相关因子之间关系的模式，通常具有较为严格的物理基础和意义。有些则是理论基础与经验拟合相结合的模式。从考虑的因子数量看，有仅考虑单因子的模式，也有同时考虑了辐射、温度、饱和差、风速等多因子作用的模式。

在直接计算法中，尤以 Penman - Moteith 模式最为著名，曾在国际上广泛应用。1948 年，Penman 把能量平衡法与质量传输法结合起来，推导出了一个公式，利用标准的气象资料，包括辐射、温度、湿度和风速来计算开阔水面的蒸发。后来，许多研究者对这种所谓的结合法做了进一步的研究，并通过引入阻力因子将其扩展到了植被表面。

阻力这一专门术语将空气动力学阻力与表面阻力因子区分开来。表面阻力参数通常被合并为一个参数，即 r_s，用来描述流经气孔、整个叶面积和土壤表面的水汽流阻力。空气动力学阻力 r_a，描述的是冠层上方的阻力，包括流向冠层表面上方的空气阻力。尽管植物层的交换过程十分复杂，难以用两个阻力参数来充分地进行描述，但研究获得了蒸散速率的实测值与计算值之间良好的相关关系，

尤其是高度均匀的牧草参照表面。Penman – Moteith 公式的结合形式为

$$\lambda ET = \frac{(R_n - G) + \rho_a c_p \dfrac{e_s - e_a}{r_a}}{\Delta + \gamma \left(1 + \dfrac{r_s}{r_a}\right)}$$ （4-5）

式中：R_n 为净辐射；G 为土壤热通量；$e_s - e_a$ 为空气的水汽压亏缺；ρ_a 为恒压时的空气平均密度；c_p 为空气的定压比热；Δ 为饱和水汽压与温度关系曲线的斜率；γ 为湿度计常数；r_s、r_a 分别为冠层表面阻力和空气动力学阻力。

上面给出的 Penman – Moteith 法包括了所有的控制下垫面（高度均匀、面积无限大）能量交换及相应潜热通量（蒸散发）的所有参数，其中绝大多数参数是可以测定的或利用气象数据很容易计算。只要给出各种小麦的表面阻力和空气动力学阻力，式（4-5）可用于任何小麦蒸发蒸腾的计算。

三、参考作物需水量法

这种方法是假想存在一种作物，可以作为计算各种具体作物需水量的参照。假想的作物又称为参考作物。使用这一方法时，首先是计算参考作物的需水量（ET_0），然后利用作物系数（K_c）进行修正，最终得到小麦的需水量。这类方法计算小麦各生育阶段需水量的模式可用式（4-6）表达：

$$ET_{ci} = K_{ci} ET_{0i}$$ （4-6）

式中：ET_{ci} 为第 i 阶段的小麦实际作物腾发量；K_{ci} 为小麦第 i 阶段的作物系数；ET_{0i} 为第 i 阶段的参考作物需水量。

式（4-6）中作物系数是指某阶段的小麦需水量与相应阶段内的参考作物腾发量的比值，一般由实测资料确定。作物系数是利用参考作物腾发量计算小麦需水量的关键性参数，应由专门小麦需水量试验求得。

随着人们对小麦需水量研究的深入，对小麦需水量认识程度的提高，参考作物蒸发蒸腾量的定义也变得更为完善实用。1977 年，联合国粮农组织在推荐彭曼法计算参考作物蒸发蒸腾量时，给出的参考作物蒸发蒸腾量的定义为：高度一致，生长旺盛，完全遮盖地面而不缺水的绿色草地（8～15cm 高）的蒸发蒸腾速率。1998 年，联合国粮农组织推荐采用的彭曼-蒙蒂斯法，则进一步地把参考作物蒸发蒸腾量定义为：一种假想的参照作物冠层的蒸发蒸腾速率。假设作物高度为 0.12cm，固定的叶面阻力为 70s/m，反射率为 0.23，非常类似于表面开阔、高度一致、生长旺盛、完全覆盖地面而不缺水的绿色草地的腾发量（Allen，1994）。这一定义较前一定义更具体，更便于实际操作应用，完全可通过计算求得，而不必依赖于试验进行验证。

参考作物蒸发蒸腾量只与气象因素有关，一般采用经验公式或半理论半经验

公式估算。目前国内外讨论和应用较多的有器皿蒸发量法、彭曼法和彭曼-蒙蒂斯法。

（一）水面蒸发量法

计算公式同式（4-1）和式（4-2），所不同的是计算的结果不是需水量而是参考作物蒸发蒸腾量，公式中的系数 a 和 b 也应根据参考作物蒸发蒸腾量求得。

（二）彭曼（H. L. Penman）公式

彭曼公式是国内外应用最普遍的综合法公式，可利用普通的气象资料，计算出参考作物蒸发蒸腾量。彭曼公式的框架不是经验的而是理论的，它在能量平衡法的基础上，引用干燥力（Drying Power）的概念，经过简捷的推导，得到一个能利用普通气象资料就可计算参考作物蒸发蒸腾量的公式。几经修正，目前国内外最通用的形式为

$$ET_{0i} = \frac{\frac{p_0}{p}\frac{\Delta}{\gamma}R_n + E_a}{\frac{p_0}{p}\frac{\Delta}{\gamma} + 1.0} \tag{4-7}$$

把计算净辐射 R_n 和干燥力 E_a 的经验公式代入，即得

$$ET_{0i} = \left\{ \frac{p_0}{p}\frac{\Delta}{\gamma}\left[0.75Q_A\left(a + b\frac{n}{N}\right) - \sigma T_K^4\left(0.56 - 0.079\sqrt{e_a}\right)\left(0.1 + 0.9\frac{n}{N}\right)\right] \right.$$
$$\left. + 0.26(e_s - e_a)(1 + Cu_2) \right\} / \left(\frac{p_0}{p}\frac{\Delta}{\gamma} + 1.0 \right) \tag{4-8}$$

式中：p_0、p 分别为海平面标准大气压和计算地点的实际气压，hPa；Δ 为饱和水汽压-温度曲线上的斜率，hPa/℃；γ 为湿度计常数；e_s、e_a 分别为饱和水汽压和实际水汽压，kPa；Q_A 为理论太阳辐射；n、N 分别为实际日照时数和理论日照时数，h；σ 为斯蒂芬-玻尔兹曼常数；C 为风速修正系数；a、b 为用日照时数计算太阳辐射的经验系数，其值与地区条件有关，应根据各地观测资料分析选用。

气压修正项 $\frac{p_0}{p}$，可采用式（4-9）计算：

$$\frac{p_0}{p} = 10^{\frac{L_H}{18400(1 + T_a/273)}} \tag{4-9}$$

式中：L_H 为海拔高度，m；T_a 为气温，℃。

饱和水汽压-温度曲线上的斜率 Δ 采用下述公式确定：

$$\Delta = \frac{5966.89}{(241.9 + T_a)^2} \times 10^{\frac{7.63 T_a}{241.9 + T_a}} \quad (T_a > 0℃) \quad\quad (4-10)$$

$$\Delta = \frac{35485.05}{(265.5 + T_a)^2} \times 10^{\frac{9.5 T_a}{265.5 + T_a}} \quad (T_a \leq 0℃) \quad\quad (4-11)$$

湿度计常数 γ 与温度有关，采用式（4-12）计算：

$$\gamma = 0.6455 + 0.00064 T_a \quad\quad (4-12)$$

$\frac{p_0}{p} \frac{\Delta}{\gamma}$ 称为权重因子项，也可依据气温和海拔高度从表 4-1 中查得。

表 4-1 　　　　　　　　　　权重因子项 $\frac{p_0}{p} \frac{\Delta}{\gamma}$ 的查算值表

气温 /℃	海 拔 高 度/m															
	0	200	400	600	800	1000	1200	1400	1600	1800	2000	2200	2400	2600	2800	3000
0	0.67	0.69	0.71	0.72	0.74	0.76	0.78	0.80	0.82	0.84	0.86	0.88	0.90	0.93	0.95	0.97
1	0.72	0.74	0.75	0.77	0.79	0.81	0.83	0.85	0.87	0.89	0.92	0.94	0.96	0.99	1.01	1.04
2	0.76	0.78	0.80	0.82	0.84	0.86	0.88	0.91	0.93	0.95	0.97	1.00	1.03	1.05	1.07	1.10
3	0.81	0.83	0.86	0.88	0.90	0.92	0.94	0.97	0.99	1.01	1.04	1.07	1.09	1.12	1.15	1.18
4	0.87	0.89	0.91	0.93	0.96	0.98	1.00	1.03	1.05	1.08	1.11	1.13	1.16	1.19	1.22	1.25
5	0.92	0.94	0.97	0.99	1.01	1.04	1.07	1.03	1.12	1.15	1.17	1.21	1.24	1.27	1.30	1.33
6	0.98	1.00	1.03	1.05	1.08	1.10	1.13	1.16	1.19	1.22	1.25	1.28	1.31	1.35	1.38	1.41
7	1.04	1.07	1.09	1.12	1.15	1.17	1.21	1.24	1.27	1.30	1.33	1.36	1.40	1.43	1.47	1.51
8	1.11	1.13	1.16	1.19	1.22	1.25	1.28	1.31	1.35	1.38	1.41	1.45	1.48	1.52	1.56	1.60
9	1.17	1.20	1.23	1.26	1.29	1.33	1.36	1.39	1.43	1.46	1.50	1.54	1.58	1.62	1.66	1.70
10	1.25	1.28	1.31	1.34	1.37	1.41	1.44	1.48	1.52	1.55	1.59	1.63	1.67	1.76	1.78	1.80
11	1.32	1.35	1.39	1.42	1.45	1.49	1.53	1.57	1.61	1.65	1.68	1.73	1.77	1.82	1.86	1.91
12	1.40	1.43	1.47	1.50	1.54	1.57	1.62	1.66	1.70	1.74	1.78	1.83	1.87	1.92	1.97	2.02
13	1.48	1.52	1.55	1.59	1.65	1.67	1.74	1.76	1.80	1.84	1.89	1.94	1.99	2.04	2.09	2.14
14	1.57	1.63	1.64	1.68	1.72	1.77	1.81	1.86	1.91	1.95	2.00	2.05	2.10	2.16	2.21	2.26
15	1.66	1.70	1.74	1.78	1.82	1.87	1.92	1.97	2.02	2.06	2.11	2.17	2.22	2.28	2.34	2.40
16	1.76	1.80	1.85	1.89	1.94	1.98	2.07	2.09	2.14	2.19	2.24	2.30	2.36	2.42	2.48	2.54
17	1.86	1.91	1.95	2.00	2.05	2.10	2.15	2.21	2.26	2.32	2.37	2.43	2.5	2.56	2.62	2.69
18	1.97	2.02	2.06	2.11	2.17	2.22	2.28	2.33	2.45	2.51	2.57	2.64	2.71	2.77	2.84
19	2.08	2.13	2.18	2.23	2.29	2.34	2.40	2.47	2.53	2.59	2.65	2.72	2.79	2.86	2.93	3.00
20	2.19	2.25	2.30	2.36	2.42	2.47	2.54	2.60	2.67	2.73	2.80	2.87	2.79	3.02	3.09	3.17

续表

气温/℃	海拔高度/m															
	0	200	400	600	800	1000	1200	1400	1600	1800	2000	2200	2400	2600	2800	3000
21	2.32	2.37	2.43	2.49	2.55	2.61	2.68	2.75	2.82	2.88	2.95	3.03	3.11	3.19	3.26	3.35
22	2.44	2.50	2.56	2.63	2.69	2.75	2.83	2.90	2.97	3.04	3.71	3.19	2.28	3.36	3.44	3.53
23	2.38	2.64	2.71	2.77	2.84	2.90	2.98	3.06	3.13	2.21	3.29	3.37	3.46	3.55	3.63	3.72
24	2.72	2.78	2.85	2.92	2.99	3.06	3.14	3.22	3.30	3.38	3.46	3.55	3.64	3.74	3.83	—
25	2.86	2.93	3.00	3.08	3.15	3.22	3.31	3.40	3.48	3.56	3.64	3.74	3.84	3.94	—	
26	3.01	3.09	3.16	3.24	3.32	3.40	3.49	3.58	3.66	3.75	3.84	3.74	4.04	—		
27	3.17	3.25	3.33	3.41	3.49	3.57	3.67	3.76	3.86	3.95	4.04	4.15	—			
28	3.34	3.42	3.50	3.59	3.67	3.76	3.86	3.96	4.06	4.16	4.25	—				
29	3.51	3.60	3.68	3.77	3.86	3.95	4.06	4.17	4.27	4.37	—					
30	3.69	3.78	3.87	3.97	4.06	4.16	4.27	4.38	4.49	—						
31	3.88	3.98	4.07	4.17	4.37	4.49	4.49	4.60	—							
32	4.07	4.18	4.28	4.38	4.49	4.59	4.71	—								
33	4.27	4.31	4.48	4.59	4.70	4.81	—									
34	4.48	4.59	4.7	4.82	4.90	—										
35	4.71	4.83	4.95	4.06	—											

理论太阳辐射 Q_A 能依据纬度和月份从表 4-2 查得。

表 4-2　　　　　　不同纬度各月的理论太阳辐射 Q_A

（以每日蒸发水层的毫米数表示）　　　　　　　单位：mm

北纬	1月	2月	3月	4月	5月	6月	7月	8月	9月	10月	11月	12月
50°	3.81	6.10	9.41	12.71	15.76	17.12	16.44	14.07	10.85	7.37	4.49	3.22
48°	4.33	6.60	9.81	13.02	15.88	17.15	16.50	14.29	11.19	7381	4.99	3.72
46°	4.85	7.10	10.21	13.32	16.00	17.19	16.55	14.51	11.53	8.25	5.49	4.27
44°	5.30	7.60	10.61	13.65	16.12	17.23	16.60	14.73	11.87	8.69	5.00	4.70
42°	5.86	8.05	11.00	13.99	16.24	17.26	16.65	14.95	12.20	9.13	6.51	5.19
40°	6.44	8.56	11.40	14.32	16.36	17.29	16.70	15.17	12.54	9.58	7.03	5.68
38°	6.91	8.98	11.75	14.50	16.39	17.22	16.72	15.27	12.81	9.98	7.52	6.10
36°	7.38	9.39	12.10	14.67	16.43	17.16	16.73	15.37	13.08	10.59	8.00	6.62
34°	7.85	9.82	12.44	14.84	16.46	17.06	16.75	15.48	13.35	10.79	8.50	7.18
32°	8.32	10.24	12.77	15.00	16.50	17.02	16.76	15.58	13.63	11.20	8.99	7.76

理论日照时数 N 可由纬度和月份从表 4-3 中查得。

表 4-3 各月理论日照时数 **N** 值 单位：h

北纬	1月	2月	3月	4月	5月	6月	7月	8月	9月	10月	11月	12月
50°	8.5	10.1	11.8	13.8	15.4	16.3	15.9	14.5	12.7	10.8	9.1	8.1
48°	8.8	10.2	11.8	13.6	15.2	16.0	15.6	14.3	12.6	10.9	9.3	8.3
46°	9.1	10.4	11.9	13.5	14.9	15.7	15.4	14.2	12.6	10.9	9.5	8.7
44°	9.3	10.5	11.9	13.4	14.7	15.4	15.2	14.0	12.6	11.0	9.7	8.9
42°	9.4	10.6	11.9	13.4	14.6	15.2	14.9	13.9	12.6	11.1	9.8	9.1
40°	9.6	10.7	11.9	13.3	14.4	15.0	14.7	13.7	12.5	11.2	10.0	9.2
35°	10.1	11.0	11.9	13.1	14.0	14.5	14.3	13.5	12.4	11.3	10.3	9.8
30°	10.4	11.1	12.0	12.9	13.6	14.0	13.9	13.2	12.4	11.5	10.6	10.2

上述理论太阳辐射 Q_A 和各月可能的日照时数，也可按后面介绍的公式计算。在计算机非常普及的今天，采用公式计算可能更为方便。

饱和水汽压 e_s 与 T_a 有关，采用式（4-13）和式（4-14）计算

$$e_s = 6.11 \times 10^{\frac{7.63 T_a}{241.9 + T_a}} \quad (T_a > 0℃) \tag{4-13}$$

$$e_s = 6.11 \times 10^{\frac{9.5 T_a}{265.5 + T_a}} \quad (T_a \leqslant 0℃) \tag{4-14}$$

e_s 也可从表4-4中由气温查得。

表 4-4 饱和水汽压与温度的关系 单位：kPa

$T/℃$	0	0.1	0.2	0.3	0.4	0.5	0.6	0.7	0.8	0.9
0	6.10	6.15	6.20	6.24	6.29	6.30	6.38	6.43	6.47	6.52
1	6.57	6.61	6.66	6.71	6.76	6.81	6.86	6.90	6.95	7.00
2	7.05	7.11	7.16	7.21	7.26	7.31	7.36	7.40	7.47	7.52
3	7.58	7.63	7.68	7.74	7.79	7.85	7.90	7.96	8.92	8.07
4	8.13	8.19	8.24	8.30	8.36	8.42	8.48	8.54	8.56	8.66
5	8.72	8.78	8.84	8.90	8.97	9.03	9.09	9.15	9.12	9.28
6	9.35	9.41	9.48	9.54	9.61	9.67	9.74	9.81	9.88	9.94
7	10.01	10.08	10.15	10.22	10.29	10.36	10.43	10.51	10.58	10.65
8	10.72	10.80	10.87	10.94	11.02	11.09	11.17	11.21	11.32	11.40
9	11.47	11.55	11.43	11.71	11.79	11.87	11.95	12.03	12.11	12.19
10	12.27	12.36	12.44	12.52	12.61	12.69	12.78	12.86	12.95	13.03
11	13.12	13.21	13.30	13.38	13.47	13.56	13.65	13.74	13.83	13.93
12	14.02	14.11	14.20	14.30	14.39	14.49	14.58	14.68	14.77	14.87
13	14.97	15.07	15.17	15.27	15.37	15.47	15.57	15.67	15.47	15.87

T/℃	0	0.1	0.2	0.3	0.4	0.5	0.6	0.7	0.8	0.9
14	15.98	16.08	16.19	16.29	16.40	16.50	16.61	16.72	16.83	16.94
15	17.04	17.15	17.26	17.38	17.49	17.60	17.71	17.83	17.94	18.06
16	18.17	18.29	18.41	18.53	18.64	18.76	18.88	19.00	19.12	19.25
17	19.37	19.49	19.61	19.74	19.86	19.99	20.12	20.24	20.37	20.50
18	20.63	20.76	20.89	21.02	21.16	21.29	21.42	21.56	21.69	21.83
19	21.96	22.10	22.24	22.38	22.52	22.66	22.80	22.94	23.09	23.29
20	23.87	23.52	23.66	23.81	23.96	24.11	24.26	24.41	24.56	24.71
21	24.46	25.01	25.17	25.32	25.48	25.64	25.79	25.95	26.11	26.27
22	26.03	26.59	26.75	26.92	27.08	27.25	27.41	27.58	27.75	27.92
23	28.89	28.26	28.42	28.60	28.77	28.95	29.12	29.30	29.48	29.65
24	29.63	30.01	30.19	30.37	30.56	30.74	30.92	31.11	31.30	31.48
25	31.67	31.86	32.05	32.24	32.43	32.63	32.82	34.02	33.21	33.41
26	33.61	33.81	34.01	34.21	34.21	34.62	35.82	35.03	35.23	35.44
27	35.65	35.86	36.07	36.28	36.50	36.71	36.92	37.14	37.36	37.58
28	37.80	38.02	38.24	38.46	38.69	38.91	39.14	39.37	39.59	39.82
29	40.06	40.29	40.52	40.76	40.99	41.23	41.47	41.71	41.95	42.19
30	42.43	42.67	42.92	43.17	43.41	43.66	43.91	44.17	44.42	44.67
31	44.93	45.18	45.44	45.70	45.96	46.22	46.49	46.75	47.02	47.28
32	47.55	47.82	48.09	48.36	48.44	48.91	49.19	49.47	49.57	50.03
33	50.31	50.59	50.87	51.16	51.45	51.74	52.03	52.32	52.61	52.90
34	50.32	53.50	53.80	54.10	54.40	54.70	55.00	55.31	55.62	55.93
35	56.24	56.55	56.86	57.18	57.49	57.81	58.13	58.45	58.77	59.10
36	59.42	59.75	60.08	60.41	60.74	61.07	61.41	61.47	62.68	62.42
37	62.16	63.11	63.45	63.80	64.14	64.49	64.84	65.20	65.55	65.91
38	66.26	66.62	66.99	67.35	67.71	68.08	68.45	68.82	69.19	69.56
39	69.93	70.13	70.69	71.07	71.45	71.83	72.22	72.61	73.00	73.39

由我国气象站常规高度的风速测定值换算成 2m 高处的风速值时需要乘以 0.75 的系数。在干旱半干旱地区,为了考虑干热空气平流作用和温度层对风速的影响,需要对风速进行修正,其修正系数值 C 见表 4-5,或根据式 (4-15) 估算:

$$C = 0.07\Delta \overline{T}_m - 0.265 \quad (\Delta \overline{T}_m > 12℃ 且 \overline{T}_{\min} > 5℃) \qquad (4-15)$$

其他条件下 $C = 0.54$。式中 $\Delta \overline{T}_m = \overline{T}_{\max} - \overline{T}_{\min}$,其中 $\overline{T}_{\max}$ 是月最高平均气温

（℃），$\overline{T}_{\min}$是月最低平均气温（℃）。

联合国粮农组织（FAO）针对全世界范围推荐了三组由日照时数估算太阳辐射的经验系数 a、b 值，见表 4－6。我国绝大部分地区属温带气候，因此，其经验系数 $a=0.18$，$b=0.55$，但根据估算这与实际情况误差较大。实际上 a 和 b 受云的类型、距海远近、海拔高度、空气混浊度等许多因素的影响，表现出较为复杂的关系。康绍忠（1995）给出了我国各地用日照时数估算太阳辐射的经验系数 a、b 的值，如表 4－6 所示。在计算作物需水量时最好采用与计算地区距离最近的辐射台的观测资料分析选用适合于当的 a、b 值，见表 4－7，这样可以提高其计算精度。

表 4－5 风 速 修 正 系 数 C

月最低平均气温 /℃	月最高平均气温 $T_{\max}$ 与最低平均气温 $T_{\min}$ 的差值 /℃	C
—	$T_{\max}-T_{\min}\leqslant 12$	0.54
＞5	$12<T_{\max}-T_{\min}\leqslant 13$	0.61
＞5	$13<T_{\max}-T_{\min}\leqslant 14$	0.68
＞5	$14<T_{\max}-T_{\min}\leqslant 15$	0.75
＞5	$15<T_{\max}-T_{\min}\leqslant 16$	0.82
＞5	$16<T_{\max}-T_{\min}$	0.89

表 4－6 联合国粮农组织推荐的 a、b 系数

经验系数 \ 地区	寒温带	干热带	湿热带
a	0.18	0.25	0.29
b	0.55	0.45	0.42

表 4－7 我国各地的 a、b 值

项目 \ 地点	夏 半 年					冬 半 年				
	a	b	r_1	D_1	D_2	a	b	r_1	D_1	D_2
乌鲁木齐	0.15	0.60	0.72	3.9	3.9	0.23	0.48	0.79	6.32	6.84
格尔木	0.27	0.51	0.80	2.9	9.8	0.23	0.58	0.88	2.76	13.40
西宁	0.26	0.48	0.84	2.8	7.2	0.26	0.52	0.85	3.21	10.01
银川	0.28	0.41	0.76	3.8	3.6	0.21	0.55	0.88	3.56	5.23
西安	0.12	0.60	0.97	3.2	8.7	0.14	0.60	0.91	6.09	7.81
成都	0.20	0.45	0.84	4.5	6.0	0.17	0.55	0.96	4.62	5.72
宜昌	0.13	0.54	0.80	7.6	8.8	0.14	0.54	0.87	7.39	16.09

续表

项目 地点	夏半年					冬半年				
	a	b	r_1	D_1	D_2	a	b	r_1	D_1	D_2
长沙	0.14	0.59	0.96	6.0	9.0	0.13	0.62	0.94	6.79	11.24
南京	0.15	0.54	0.94	4.8	9.4	0.10	0.65	0.91	4.79	8.16
济南	0.05	0.67	0.93	3.9	12.6	0.07	0.67	0.92	4.57	8.34
太原	0.16	0.59	0.81	6.8	7.0	0.25	0.49	0.72	7.06	9.05
呼和浩特	0.13	0.65	0.87	4.2	4.8	0.19	0.60	0.79	4.60	7.81
北京	0.19	0.54	0.96	2.7	2.8	0.21	0.56	0.89	3.95	6.54
哈尔滨	0.13	0.60	0.85	4.8	6.9	0.20	0.52	0.75	5.74	5.62
长春	0.06	0.71	0.90	5.4	9.5	0.28	0.44	0.75	4.59	5.74
沈阳	0.05	0.73	0.95	4.0	6.9	0.22	0.47	0.84	3.44	3.32
郑州	0.17	0.45	0.83	7.2	17.7	0.14	0.45	0.84	7.93	12.20
固始	0.16	0.57	0.94	4.6	4.9	0.14	0.66	0.96	4.06	5.21
郾城	0.16	0.60	0.97	4.7	5.1	0.18	0.61	0.94	3.94	5.81

注 r_1 为相关系数；D_1 为用当地经验系数 a、b 计算辐射值的相对误差；D_2 为用 FAO 的 a、b 值计算辐射值的相对误差。

综上所述，用彭曼公式计算参考作物蒸发蒸腾量需要气温（包括月平均气温、最高平均气温和最低平均气温）、日照时数、风速、水汽压及地理纬度和月序数等资料。

（三）彭曼-蒙蒂斯法（Penman - Monteith）

FAO 推荐的彭曼-蒙蒂斯公式：

$$ET_0 = \frac{0.408\Delta(R_n - G) + \gamma\dfrac{900}{T+273}u_2(e_s - e_a)}{\Delta + \gamma(1 + 0.34u_2)} \tag{4-16}$$

式中：ET_0 为参考作物腾发量，mm/d；R_n 为作物冠层顶的净辐射（net radiation at the crop surface），MJ/（m^2 • d）；G 为土壤热流强度，MJ/（m^2 • d）；T 为 2m 高度处的日平均气温，℃；u_2 为 2m 高度处的风速，m/s；其他符号意义同前。

1. 大气参数

空气压力 P 是由地面上空大气的重量产生的。蒸发量随着海拔高度增大而增大，在 20℃ 的标准大气温度下，空气压力可用式（4-17）计算：

$$P = 101.3 \times \left(\frac{293 - 0.0065z}{293}\right)^{5.26} \tag{4-17}$$

式中：P 为大气压，kPa；z 为海拔高度，m。

2. 蒸发潜热 λ

蒸发潜热 λ 是指在某一恒定气压和恒定气温过程中单位液态水转化为气态水所需要的能量，在 20℃ 的气温情况下，λ 取 2.45MJ/kg。

3. 湿度计常数 γ

温度计常数 γ 由式（4−18）给出：

$$\gamma = \frac{C_P P}{\varepsilon \lambda} = 0.665 \times 10^{-3} P \qquad (4-18)$$

式中：γ 为湿度计常数，kPa/℃；P 为大气压，kPa；λ 为蒸发潜热，等于 2.45MJ/kg；C_P 为恒压下的比热，1.013×10^{-3} MJ/(kg·℃)；ε 为水蒸气与干空气分子重量之比，等于 0.622。

4. 平均饱和水汽压 e_s

饱和水汽压与空气温度有关，能够利用气温计算，即

$$e_s(T) = 0.6108 \exp\left(\frac{17.27T}{T+237.3}\right) \qquad (4-19)$$

式中：$e_s(T)$ 为气温为 T 时的饱和蒸汽压，kPa；T 为气温，℃。

5. 饱和水汽压–温度曲线斜率 Δ

饱和水汽压–温度曲线斜率 Δ，由式（4−20）给出

$$\Delta = \frac{4098 \times \left[0.6108 \exp\left(\frac{17.27T}{T+237.3}\right)\right]}{(T+237.3)^2} \qquad (4-20)$$

式中：Δ 为饱和水汽压–温度曲线斜率，kPa/℃；其他符号意义同前。

这里气温用实际观测值，也可用下式计算：

$$T = (T_{\max} - T_{\min})/2$$

6. 风速

2m 高度处风速可由 10m 高度处风速计算，即

$$u_2 = u_z \frac{4.87}{\ln(67.8z - 5.42)} \qquad (4-21)$$

式中：u_2 为地面以上 2m 高度处的风速，m/s；u_z 为地面以上 10m 高度处的风速，m/s；z 为地面以上观测高度，m。

采用 10m 高度处的风速计算时，即 $z=10$m：

$$u_2 = 0.748 u_{10}$$

式中：u_{10} 为 10m 高处的风速，m/s。

7. 理论太阳辐射 Q_A

不同纬度上每天的紫外辐射，即理论太阳辐射 Q_A，可利用太阳常数，太阳磁偏角和年时计算：

$$Q_A = \frac{24 \times 60}{\pi} G_{sc} d_r \left[\omega_s \sin\phi \sin\delta + \cos\phi \cos\delta \sin\omega_s \right] \qquad (4-22)$$

式中：Q_A 为理论太阳总辐射，$MJ/(m^2 \cdot d)$；G_{sc} 为太阳常数，等于 0.0820MJ/$(m^2 \cdot min)$；d_r 为日-地相对距离 [式（4-24）]；ϕ 为纬度；δ 为太阳磁偏角 [式（4-25）]，rad。

$$1 rad = \pi/180° \qquad (4-23)$$

日地相对距离 d_r 和太阳磁偏角 δ，用式（4-24）和式（4-25）计算：

$$d_r = 1 + 0.033 \cos\left(\frac{2\pi}{365} J\right) \qquad (4-24)$$

$$\delta = 0.409 \sin\left(\frac{2\pi}{365} J - 1.39\right) \qquad (4-25)$$

式中：J 为日序号，从 1 月 1 日开始 $J=1$ 到 12 月 31 日 $J=365$ 或 366。

J 用下式计算：

$$J = INTEGER(30.4M - 15)$$

式中：J 为月中的近似值；M 为月序号；INTEGER 为取整函数。

8. 日落时角 ω_s

由式（4-26）给出：

$$\omega_s = \arccos(-\tan\phi \tan\delta) \qquad (4-26)$$

因为许多计算机语言没有反余弦，因此日落时角也可使用式（4-27）计算：

$$\omega_s = \frac{\pi}{2} - \arctan\left(\frac{-\tan\phi \tan\delta}{x^{0.5}}\right) \qquad (4-27)$$

其中

$$x = 1 - (\tan\phi)^2 (\tan\delta)^2 \qquad (4-28)$$

且当 $x \leqslant 0$ 时，取 $x = 0.00001$。

每月 15 日的 Q_A 可制成表，见表 4-2。

9. 可能日照时数 N

可能日照时数与纬度和太阳磁偏角有关，计算式为

$$N = \frac{24}{\pi} \omega_s \qquad (4-29)$$

这里 ω_s 为由式（4-26）或式（4-27）计算得日落时角。每月 15 日的日照时数可制成表格，见表 4-3。

10. 太阳辐射 Q_s

在没有观测的太阳辐射 Q_s 时，可用碧空太阳总辐射和相对日照时数计算：

$$Q_s = \left(a_s + b_s \frac{n}{N}\right) Q_A \qquad (4-30)$$

式中：Q_s 为太阳辐射或称为短波辐射，$MJ/(m^2 \cdot d)$；n 为实际日照时数，h；

N 为最大可能的日照时数，h；a_s 为回归系数，表示天空完全遮盖（$n=0$）时的太阳辐射系数；a_s 和 b_s 为完全晴天（$n=N$）时太阳总辐射到达地面的比例系数。

11. 天空完全晴朗的太阳辐射 Q_{so}

$$Q_{so}=(0.75+2\times10^{-5}z)Q_A \tag{4-31}$$

式中：z 为海拔高度，m。

当得不到系数 a_s 和 b_s 时，可采用式（4-32）计算到达地面的太阳辐射：

$$Q_{so}=(a_s+b_s)Q_A \tag{4-32}$$

式中：Q_{so} 为完全晴天时的太阳辐射，$MJ/(m^2 \cdot d)$；其他符号意义同前。

12. 净太阳辐射即净短波辐射 Q_{ns}

净短波辐射是地面接收的太阳能与反射的太阳能之间的差值，由式（4-33）计算：

$$Q_{ns}=(1-\alpha)Q_s \tag{4-33}$$

式中：Q_{ns} 为净太阳辐射，$MJ/(m^2 \cdot d)$；α 为反射率，即冠层反射系数，对于假设的参考作物牧草，其值为 0.23；其他符号意义同前。

净长波辐射 Q_{nL}，用式（4-34）计算：

$$Q_{nl}=\sigma\left(\frac{T_{max,K}^4+T_{min,K}^4}{2}\right)(0.34-0.14\sqrt{e_a})\left(1.35\frac{Q_s}{Q_{so}}-0.35\right) \tag{4-34}$$

式中：Q_{nl} 为净长波辐射，$MJ/(m^2 \cdot d)$；σ 为斯蒂芬-波尔兹曼常数，等于 $4.903\times10^{-9}MJ/(K^4 \cdot m^2 \cdot d)$；$T_{max,K}$ 为日最大绝对气温；$T_{min,K}$ 为日最小绝对气温；e_a 为实际水汽压，kPa；其余符号意义同前。

若有平均气温观测值时，也可采用日均气温的绝对温度，即

$$Q_{nl}=\sigma T_K^4(0.34-0.14\sqrt{e_a})\left(1.35\frac{Q_s}{Q_{so}}-0.35\right) \tag{4-35}$$

其中：T_K 为平均气温下的 K 氏温度，即绝对温度。

13. 净辐射 R_n

净辐射是地面接收的净短波辐射 Q_{ns} 与支出的净长波辐射 Q_{nl} 之差。

$$R_n=Q_{ns}-Q_{nl} \tag{4-36}$$

14. 土壤热流 G

土壤热流较净太阳辐射小，特别是当地面被植被覆盖时，计算时间步长为 24h、10d 或 15d。可利用气温计算：

$$G=C_s\frac{T_i-T_{i-1}}{\Delta t}\Delta Z \tag{4-37}$$

式中：G 为土壤热流，$MJ/(m^2 \cdot d)$；G_s 为土壤热容量，$MJ/(m^2 \cdot d)$；T_i 为时间 i 时的气温，℃；T_{i-1} 为时间 $i-1$ 时的气温，℃；Δt 为时间间隔长度，d；ΔZ 为有效土壤深度，m。

当计算时段为 1d 或 10d 时,

$$G_{\mathrm{day}} \approx 0 \qquad\qquad (4-38)$$

当计算时段为 1 个月时,

$$G_{\mathrm{month},i} = 0.14(T_{\mathrm{month},i} - T_{\mathrm{month},i-1}) \qquad (4-39)$$

式中：$G_{\mathrm{month},i}$ 为 i 月的平均气温气温,℃；$T_{\mathrm{month},i-1}$ 为 $i-1$ 月的平均气温,℃。

Jensen 等 (1990) 对估算作物需水量的多种方法进行比较后认为,参考作物法具有较好的通用性和稳定性,估算精度也较高,各地都可以使用。美国农业部水土保持局主持编写的《美国国家工程手册·灌溉卷》中也指出："在综合考虑各种不同方法的优缺点后,推荐在许多地点都已证明具有足够精度的参考作物法作为统一的方法使用。"我国在作物需水量的研究方面也做了大量的工作,已绘制了逐月参考作物需水量等值线图和主要农作物的需水量等值线图。此外,有关作物系数的研究工作开展得也比较广泛,全国许多地方都对当地主要农作物的作物系数进行了测定,积累了比较丰富的资料。从各地的实际应用情况来看,用参考作物法估算作物需水量的结果具有较高的一致性,估算精度也比较高。鉴于此,在计算山西省小麦灌溉用水定额时,有关作物需水量的计算部分统一选用参考作物法。

第二节　作物系数分析确定

一、作物系数的变化规律

作物需水量包括土面蒸发和作物蒸腾两部分,因此作物系数通常由两部分组成,包含三项系数：

$$K_c = K_s K_{cb} + K_e \qquad\qquad (4-40)$$

式中：K_{cb} 为基本作物系数,是表土干燥面根区土壤平均含水量满足作物蒸腾时 ET_c/ET_0 的比值；K_s 为水分胁迫系数,反映根区土壤含水率不足时对作物蒸腾的影响；K_e 为土面蒸发系数,反映灌溉或降雨后因表土湿润致使土面蒸发强度短期内增加而对 ET_c 产生的影响。

表 4-8 是 FAO 推荐的冬小麦生长发育阶段的作物系数值,作物系数的变化过程与生长季节中叶面积指数的变化过程十分相近。播种期和苗期 K_c 值很小,而且土面蒸发系数 K_e 所占比例较大。随着作物进入快速发育期,叶面积快速增大,K_c 值迅速上升,当作物冠层发育充分时 K_c 达到最大值,并在一段时期内保持稳定,这一时期作物基本覆盖地面,土面蒸发的影响相对很小。随着作物进入成熟期,叶片衰老脱落,K_c 值随之下降。在作物生长过程中如果出现水分胁迫,则作物腾发量会因此而下降,在作物系数中用 K_s 反映,此时的作物腾发量为非标准状态下的腾发量。

表 4-8　　　　　　　　　　　冬小麦各生长发育阶段 K_c 值

作物	生长初期 K_{Cini}	越冬期 K_{Cfro}	生长中期 K_{Cmid}	生长后期 K_{Cend}
冬小麦	0.7	0.4	1.15	0.4

注　资料来源:《作物腾发量-作物需水量计算指南》。

　　FAO 推荐的计算标准状态下（无水分胁迫）作物系数的方法有两种:①分段单值平均法,这是一种比较简单实用的计算方法,可用于灌溉系统的规划设计和灌溉管理;②双值作物系数法,该方法需进行逐日水量平衡计算,计算复杂,需要的数据量大,一般只用于灌溉制度的研究和田间水量平衡分析。

二、各站小麦作物系数的试验分析结果

　　根据山西省各试验站的资料,分阶段统计计算了小麦的需水量,然后利用当地的气象资料计算了小麦不同阶段的参考作物蒸发蒸腾量,然后利用式（4-6）计算了不同地区各阶段的小麦的作物系数,具体见表 4-9～表 4-10。

表 4-9　　　　　　　　　　春小麦各阶段作物系数试验结果

地区	试验站	年份	生 育 阶 段						全生育期
			播种—出苗	出苗—分蘖	分蘖—拔节	拔节—抽穗	抽穗—灌浆	灌浆—收获	
大同朔州区	大同御河	1995	0.28	0.57	0.99	1.32	1.47	0.69	0.76
		1996	0.18	0.71	1.07	1.26	0.88	0.99	0.83
		1997	0.36	1.02	0.31	0.85	1.11	0.82	0.94
		2003	0.35	0.30	0.62	1.39	1.78	1.48	1.08
		2005	1.19	0.13	0.63	2.07	1.34	1.45	1.16
		均值	0.47	0.55	0.72	1.38	1.31	1.09	0.95
		$C_v/\%$	86.44	63.53	42.62	31.83	26.02	33.44	17.57

表 4-10　　　　　　　　　　冬小麦各阶段作物系数试验结果

地区	试验站	年份	生 育 阶 段							全生育期
			播种—分蘖	分蘖—越冬	越冬—返青	返青—拔节	拔节—抽穗	抽穗—灌浆	灌浆—收获	
晋中区	潇河站	2003	0.96	1.87	0.01	0.63	1.81	0.85	0.85	0.91
		2005	0.71	0.66	0.48	0.31	1.37	1.38	1.22	0.84
		均值	0.84	1.26	0.24	0.47	1.59	1.11	1.03	0.88
		$C_v/\%$	14.96	47.68	96.94	34.16	13.79	23.38	18.02	3.66
长治区	黎城站	2003	1.53	0.89	0.79	0.61	0.41	0.98	0.78	0.77
		2005	1.37	0.38	1.00	1.16	3.72	1.5	1.67	1.36
		2006	0.48	0.79	1.56	0.56	0.58	1.26	1.27	1.02

续表

地区	试验站	年份	生 育 阶 段							全生育期
			播种—分蘖	分蘖—越冬	越冬—返青	返青—拔节	拔节—抽穗	抽穗—灌浆	灌浆—收获	
长治区	黎城站	2008	0.53	0.97	0.45	0.98	1.67	1.56	1.67	1.08
		2012	0.83	1.61	2.17	1.06	0.72	0.47	0.92	0.97
		均值	0.95	0.93	1.20	0.88	1.42	1.15	1.26	1.04
		C_v/%	45.25	42.74	50.91	28.04	86.67	34.52	29.51	18.45
临汾区	临汾站	2003	0.66	2.05	1.04	1.23	1.52	1.34	0.49	1.03
		2004	2.69	2.15	0.28	0.85	0.63	0.80	0.91	0.91
		2005	1.36	—	0.32	0.83	1.00	0.78	1.21	0.95
		2008	1.77	1.47	0.46	0.49	0.73	1.40	0.45	0.73
		均值	1.62	1.89	0.53	0.85	0.97	1.08	0.77	0.91
		C_v/%	52.36	19.28	66.93	35.55	41.27	30.83	47.38	14.02
	霍泉站	2003	0.48	1.49	14.55	0.60	1.78	1.97	1.29	1.33
		2005	1.30	—	0.66	0.62	0.78	1.45	1.49	1.04
		2008	1.56	0.97	0.32	0.61	1.67	1.35	1.48	1.14
		2012	0.88	1.71	0.64	1.30	1.41	1.19	0.53	1.05
		均值	1.06	1.39	4.04	0.78	1.41	1.49	1.20	1.14
		C_v/%	44.67	27.11	173.14	43.71	31.71	22.82	38.16	11.97
运城区	鼓水站	2003	1.80	1.62	0.16	0.45	0.61	1.34	0.94	0.82
		2004	0.59	0.91	1.80	0.47	0.54	1.29	1.06	0.86
		2007	0.91	0.92	1.25	0.70	1.15	1.61	0.37	0.91
		均值	1.10	1.15	1.07	0.54	0.77	1.41	0.79	0.86
		C_v/%	46.70	29.02	63.76	20.95	35.74	9.75	38.29	4.38
	红旗站	2003	0.78	0.99	1.32	0.80	1.19	1.78	0.65	1.04
		2004	1.00	0.97	0.22	0.33	0.92	1.44	1.20	0.88
		2005	0.77	0.70	0.74	0.43	0.50	0.92	1.32	0.77
		2007	1.04	0.07	0.51	1.25	1.45	1.85	0.99	1.13
		2012	0.51	0.42	0.51	1.88	1.30	1.37	0.82	1.04
		均值	0.82	0.63	0.66	0.94	1.07	1.47	1.00	0.97
		C_v/%	26.07	62.29	62.62	68.14	34.64	25.24	27.54	14.78
	运城夹马口站	2004	0.63	1.09	0.86	0.87	0.33	1.53	0.47	1.34
		2005	0.76	0.23	0.81	0.40	1.28	0.05	1.06	0.73
		均值	0.69	0.66	0.84	0.64	0.80	0.79	0.76	1.03
		C_v/%	71.90	65.18	2.99	36.87	59.47	93.38	38.79	29.80

三、作物系数的确定

根据表 4-9 和表 4-10 计算值偏大，原因是灌水定额偏大，采用调整参数的办法分析计算，即通过逐日模拟土壤含水量，再结合实测的土壤含水量，通过调整各个阶段的作物系数值，以实测土壤含水量和模拟的土壤含水量的差的平方和最小为目标函数，最终确定山西省不同试验站春小麦和冬小麦各阶段的作物系数，见表 4-11 和表 4-12。

表 4-11　　　　　　　　春小麦分阶段起止时间和作物系数统计表

地区	项　　目	播种—拔节	拔节—抽穗	抽穗—灌浆	灌浆—收获	全生育期
大同	起止日期/（月.日）	4.1—5.20	5.21—6.10	6.11—6.20	6.21—7.20	4.1—7.20
	作物系数	0.45	0.45～1.25	1.25	1.25～0.6	
忻州	起止日期/（月.日）	4.1—5.12	5.13—6.1	6.2—6.13	6.14—7.13	4.1—7.13
	作物系数	0.45	0.45～1.25	1.25	1.25～0.6	

表 4-12　　　　　　　　冬小麦分阶段起止时间和作物系数统计表

地区	项目	播种—越冬	越冬—返青	返青—拔节	拔节—抽穗	抽穗—灌浆	灌浆—收获	全生育期
离石吕梁区	起止日期/（月.日）	9.22—11.20	11.21—3.10	3.11—4.20	4.21—5.13	5.14—6.1	6.2—6.29	9.22—6.29
	作物系数	0.6	0.4～0.6	0.4	0.4～1.3	1.3	0.5～1.3	
晋中区	起止日期/（月.日）	9.22—11.20	11.21—3.10	3.11—4.20	4.21—5.13	5.14—6.1	6.2—6.29	9.22—6.29
	作物系数	0.6	0.4～0.6	0.4	0.4～1.3	1.3	0.5～1.3	
长治晋城区	起止日期/（月.日）	9.27—11.24	11.25—3.3	3.4—4.10	4.11—5.4	5.5—5.26	5.27—6.20	9.27—6.20
	作物系数	0.6	0.4～0.6	0.4	0.4～1.3	1.3	0.5～1.3	
临汾区	起止日期/（月.日）	10.5—12.20	12.21—2.16	2.17—4.2	4.3—5.1	5.2—5.19	5.20—6.10	10.5—6.10
	作物系数	0.6	0.4～0.6	0.4	0.4～1.3	1.3	0.5～1.3	
运城区	起止日期/（月.日）	10.1—12.20	12.21—2.10	2.11—3.20	3.21—4.20	4.21—5.10	5.11—6.3	10.1—6.3
	作物系数	0.6	0.4～0.6	0.4	0.4～1.3	1.3	0.5～1.3	

第三节　分区作物需水量

小麦需水量是小麦蒸腾和棵间土壤蒸发量之和，是环境气候作用和小麦自身生理作用的综合结果。根据大量灌溉试验资料分析，小麦需水量的大小与气象条件（辐射、温度、日照、湿度、风速）、土壤水分状况、小麦种类及其生长发育阶段、农业技术措施、灌溉排水措施等有关。这些因素对需水量的影响是相互联系的，也是错综复杂的。目前尚不能从理论上精确地确定各因素对需水量的影响程度（康绍忠，1995）。

结合山西省种植小麦的实际情况，山西省种植小麦的区域划分为：大同朔州区、忻州区、离石吕梁区、晋中区、长治晋城区、临汾区和运城区。其中，大同朔州区和忻州区主要种植春小麦，其他区主要种植冬小麦。因此，根据各区典型气象站的资料，分别统计了各区典型县小麦生长期间内的历年降雨量，然后采用频率计算的方法，计算了各典型县小麦不同水文年（5％、25％、50％、75％和95％）情况下的降雨量及相应的典型年，然后根据各区县典型年的实际气象资料计算了参考小麦蒸发蒸腾量（ET_0），然后再根据表4-2和表4-3的小麦系数，即可计算出山西省不同地区典型县在不同水文年型情况下的小麦分阶段的小麦需水量，这为当地的小麦的农田灌溉提供了较接近实际的数据，灌溉时可根据当年的降雨情况初步判断属于哪个典型年，然后再根据表4-15和表4-16中的数据可知小麦的需水量是多少，结合土壤的水分情况进行灌溉，这样具有很重要的实际意义。可以为当地的小麦的灌溉制度的制定提供可靠的理论依据。

一、分区典型年的确定

山西省的北部主要种植春小麦，如大同朔州区和忻州区，但是这两大区小麦的生育期的时间又稍有区别，因此根据春小麦的生育期的时间分别统计历年的降雨量，然后进行频率计算，计算的结果见表4-13。山西省的中部和南部主要种植冬小麦，各区典型县冬小麦的不同水文年的计算同上，结果见表4-14。

表4-13　　　　　　　　春小麦不同水文年降雨量的统计

地区	区县	水文年	降雨量/mm	典型年
大同朔州区	大同	5％	279.1	2008
		25％	209.2	1962
		50％	172.0	2013
		75％	118.7	2005
		95％	62.3	1968
忻州区	原平	5％	279.1	2008
		25％	209.2	1962
		50％	167.8	1969
		75％	118.7	2005
		95％	62.3	1968

续表

地区	区县	水文年	降雨量/mm	典型年
忻州区	五寨	5%	216.5	1964
		25%	168.4	2005
		50%	151.0	2000
		75%	120.3	1994
		95%	94.6	1960
	河曲	5%	315.9	1992
		25%	228.0	1968
		50%	169.4	2006
		75%	111.8	1986
		95%	76.6	1962

表 4-14　　冬小麦不同水文年降雨量的统计

地区	区县	水文年	降雨量/mm	典型年
离石吕梁区	离石	5%	650.9	2009
		25%	478.00	1996
		50%	414.9	1982
		75%	301.6	1972
		95%	131.2	1966
	兴县	5%	265.2	1981
		25%	212.3	1991
		50%	181.9	2012
		75%	152.8	2009
		95%	94.6	1965
晋中区	阳泉	5%	273.8	2007
		25%	212.8	1975
		50%	146.8	1976
		75%	124.6	1996
		95%	87.5	1981
	太原	5%	281.5	1969
		25%	184.3	1959
		50%	151.9	1980
		75%	109.9	1986
		95%	86.6	2011

地区	区县	水文年	降雨量/mm	典型年
晋中区	榆社	5%	235.6	2003
		25%	189.0	1991
		50%	165.2	1958
		75%	118.8	1961
		95%	90.2	1992
	介休	5%	241.1	1956
		25%	172.9	1976
		50%	141.4	1985
		75%	111.6	2005
		95%	89.5	1992
长治晋城区	长治	5%	455.7	1972
		25%	325.5	1982
		50%	231.7	2001
		75%	165.3	2010
		95%	101.6	1963
	阳城	5%	359.9	1987
		25%	252.7	1995
		50%	200.5	1978
		75%	173.8	2006
		95%	141.6	1986
临汾区	隰县	5%	253.1	1958
		25%	199.8	1975
		50%	174.0	1961
		75%	134.4	2004
		95%	108.1	1960
	临汾	5%	258.6	1983
		25%	203.7	2012
		50%	180.9	1987
		75%	145.7	2002
		95%	98.9	1982

续表

地区	区县	水文年	降雨量/mm	典型年
运城区	侯马	5%	329.3	2006
		25%	258.1	1998
		50%	215.1	1993
		75%	173.5	2005
		95%	115.4	1992
	运城	5%	379.0	2004
		25%	288.7	1958
		50%	237.3	1987
		75%	192.1	2008
		95%	140.0	1992

二、分区小麦需水量计算结果

根据表4-13和表4-14计算的典型县不同水文年的降雨量的数据及相应的年份，然后根据相应年份小麦生育期内的逐日的气象数据，如最高最低气温、风速、湿度及当地的海拔和纬度等资料，利用FAO粮农组织推荐的彭曼-蒙蒂斯公式计算当地逐日的参考作物蒸发蒸腾量，然后再根据典型县小麦的不同生育阶段的起止日期统计各阶段及整个生育期内的小麦需水量，春小麦与冬小麦的计算结果分别见表4-15和表4-16。

表4-15　　　　山西省典型县不同水文年各阶段春小麦需水量

地区	观测站	水文年	项目	播种—拔节	拔节—抽穗	抽穗—灌浆	灌浆—收获	全生育期
大同朔州区	大同	5%	起止日期/(月.日)	4.1—5.20	5.21—6.10	6.11—6.20	6.21—7.20	4.1—7.20
			作物系数	0.45	0.45~1.25	1.25	1.25~0.6	
			阶段ET_0	166.7	109.7	30.5	137.2	444.1
			阶段ET_m	75.0	91.9	38.2	127.5	332.6
		25%	起止日期/(月.日)	4.1—5.20	5.21—6.10	6.11—6.20	6.21—7.20	4.1—7.20
			作物系数	0.45	0.45~1.25	1.25	0.6~1.25	
			阶段ET_0	184.2	108.6	52.1	111.8	456.7
			阶段ET_m	82.9	93.8	65.2	101.8	343.6
		50%	起止日期/(月.日)	4.1—5.20	5.21—6.10	6.11—6.20	6.21—7.20	4.1—7.20
			作物系数	0.45	0.45~1.25	1.25	0.6~1.25	

119

地区	观测站	水文年	项目	播种—拔节	拔节—抽穗	抽穗—灌浆	灌浆—收获	全生育期
大同朔州区	大同	50%	阶段ET_0	212.0	93.8	51.3	128.4	485.4
			阶段ET_m	95.4	82.3	64.1	115.8	357.6
		75%	起止日期/(月.日)	4.1—5.20	5.21—6.10	6.11—6.20	6.21—7.20	4.1—7.20
			作物系数	0.45	0.45~1.25	1.25	0.6~1.25	
			阶段ET_0	203.5	97.0	61.5	150.7	512.8
			阶段ET_m	91.6	85.5	76.9	136.9	390.9
		95%	起止日期/(月.日)	4.1—5.20	5.21—6.10	6.11—6.20	6.21—7.20	4.1—7.20
			作物系数	0.45	0.45~1.25	1.25	0.6~1.25	
			阶段ET_0	213.2	104.4	55.9	125.5	499.0
			阶段ET_m	95.9	94.3	69.8	117.1	377.2
忻州	河曲	5%	起止日期/(月.日)	4.1—5.12	5.13—6.1	6.2—6.13	6.14—7.13	4.1—7.13
			作物系数	0.45	0.45~1.25	1.25	0.6~1.25	
			阶段ET_0	127.9	90.2	62.5	115.8	396.4
			阶段ET_m	57.5	81.3	78.2	107.8	324.8
		25%	起止日期/(月.日)	4.1—5.12	5.13—6.1	6.2—6.13	6.14—7.13	4.1—7.13
			作物系数	0.45	0.45~1.25	1.25	0.6~1.25	
			阶段ET_0	144.0	94.8	77.8	122.2	438.7
			阶段ET_m	64.8	80.0	97.3	111.9	353.9
		50%	起止日期/(月.日)	4.1—5.12	5.13—6.1	6.2—6.13	6.14—7.13	4.1—7.13
			作物系数	0.45	0.45~1.25	1.25	0.6~1.25	
			阶段ET_0	159.8	92.5	53.8	132.5	438.7
			阶段ET_m	71.9	80.3	67.3	123.8	343.3
		75%	起止日期/(月.日)	4.1—5.12	5.13—6.1	6.2—6.13	6.14—7.13	4.1—7.13
			作物系数	0.45	0.45~1.25	1.25	0.6~1.25	
			阶段ET_0	143.2	85.6	50.8	111.5	391.2
			阶段ET_m	64.5	72.8	63.5	101.2	302.0
		95%	起止日期/(月.日)	4.1—5.12	5.13—6.1	6.2—6.13	6.14—7.13	4.1—7.13

地区	观测站	水文年	项目	播种—拔节	拔节—抽穗	抽穗—灌浆	灌浆—收获	全生育期
忻州	河曲	95%	作物系数	0.45	0.45～1.25	1.25	0.6～1.25	
			阶段ET_0	144.4	99.6	63.6	131.3	438.9
			阶段ET_m	65.0	86.7	79.5	123.5	354.8
	五寨	5%	起止日期/(月.日)	4.1—5.12	5.13—6.1	6.2—6.13	6.14—7.13	4.1—7.13
			作物系数	0.45	0.45～1.25	1.25	0.6～1.25	
			阶段ET_0	121.7	60.5	56.8	107.1	346.1
			阶段ET_m	54.7	52.8	71.0	99.4	278.0
		25%	起止日期/(月.日)	4.1—5.12	5.13—6.1	6.2—6.13	6.14—7.13	4.1—7.13
			作物系数	0.45	0.45～1.25	1.25	0.6～1.25	
			阶段ET_0	170.3	76.6	61.0	145.4	453.2
			阶段ET_m	76.6	67.6	76.2	135.6	356.1
		50%	起止日期/(月.日)	4.1—5.12	5.13—6.1	6.2—6.13	6.14—7.13	4.1—7.13
			作物系数	0.45	0.45～1.25	1.25	0.6～1.25	
			阶段ET_0	153.9	100.6	50.1	100.3	404.9
			阶段ET_m	69.3	87.4	62.6	91.0	310.2
		75%	起止日期/(月.日)	4.1—5.12	5.13—6.1	6.2—6.13	6.14—7.13	4.1—7.13
			作物系数	0.45	0.45～1.25	1.25	0.6～1.25	
			阶段ET_0	152.8	103.8	50.5	101.3	408.4
			阶段ET_m	68.8	90.1	63.2	93.7	315.6
		95%	起止日期/(月.日)	4.1—5.12	5.13—6.1	6.2—6.13	6.14—7.13	4.1—7.13
			作物系数	0.45	0.45～1.25	1.25	0.6～1.25	
			阶段ET_0	153.8	81.6	68.1	141.1	444.5
			阶段ET_m	69.2	72.6	85.2	130.0	357.0
	原平	5%	起止日期/(月.日)	4.1—5.12	5.13—6.1	6.2—6.13	6.14—7.13	4.1—7.13
			作物系数	0.45	0.45～1.25	1.25	0.6～1.25	
			阶段ET_0	132.5	95.6	41.9	96.5	366.6
			阶段ET_m	59.6	88.0	52.4	84.3	284.3

续表

地区	观测站	水文年	项目	播种—拔节	拔节—抽穗	抽穗—灌浆	灌浆—收获	全生育期
忻州	原平	25%	起止日期/(月.日)	4.1—5.12	5.13—6.1	6.2—6.13	6.14—7.13	4.1—7.13
			作物系数	0.45	0.45~1.25	1.25	0.6~1.25	
			阶段 ET_0	175.6	108.1	74.5	136.8	495.0
			阶段 ET_m	79.0	92.8	93.1	128.7	393.6
		50%	起止日期/(月.日)	4.1—5.12	5.13—6.1	6.2—6.13	6.14—7.13	4.1—7.13
			作物系数	0.45	0.45~1.25	1.25	0.6~1.25	
			阶段 ET_0	148.0	90.0	54.8	136.2	429.1
			阶段 ET_m	66.6	80.0	68.5	127.7	342.8
		75%	起止日期/(月.日)	4.1—5.12	5.13—6.1	6.2—6.13	6.14—7.13	4.1—7.13
			作物系数	0.45	0.45~1.25	1.25	0.6~1.25	
			阶段 ET_0	168.0	76.2	48.5	127.5	420.2
			阶段 ET_m	75.6	68.4	60.6	117.1	321.7
		95%	起止日期/(月.日)	4.1—5.12	5.13—6.1	6.2—6.13	6.14—7.13	4.1—7.13
			作物系数	0.45	0.45~1.25	1.25	0.6~1.25	
			阶段 ET_0	161.5	97.9	71.0	140.5	470.9
			阶段 ET_m	72.7	85.6	88.8	128.6	375.6

由表 4-15 和表 4-16 可以看出，对于同一地区，不同水文年型下的小麦的需水量不同，但基本规律相似，从 5%、25%、50%、75% 到 95% 的水文年型来看，小麦生育期内的降雨量是越来越少，从整个山西省的平均值分析，5% 水文年的均值在 250mm 左右，而 95% 水文年为 80mm 左右，因此可以看出降雨量随着频率的增加而减少，而全生育内的小麦需水量也基本上是随着频率的增加而增加，这主要是因为降雨量多的时候，小麦的腾发量较少，越是降雨量少，越干旱，小麦的腾发量就相对较高，如大同地区 5%、25%、50%、75% 和 95%，小麦全生育期内的小麦需水量分别是 332.6mm、343.6mm、357.6mm、390.9mm 和 377.2mm，其他地区也具有相似的变化规律，75% 和 95% 基本上相差不大。小麦各阶段的需水量在播种到拔节、拔节到抽穗、抽穗到灌浆、灌浆到收获等阶段也随着频率的增加而增加。

表4-16   山西省典型县不同水文年各阶段冬小麦需水量

地区	观测站	水文年	项目	播种—越冬	越冬—返青	返青—拔节	拔节—抽穗	抽穗—灌浆	灌浆—收获	全生育期
离石吕梁区	离石	5%	起止日期/(月.日)	9.22—11.20	11.21—3.10	3.11—4.20	4.21—5.13	5.14—6.1	6.2—6.29	9.22—6.29
			作物系数	0.6	0.4~0.6	0.4	0.4~1.3	1.3	0.5~1.3	
			阶段 ET_0	73.1	70.9	107.1	84.7	81.0	129.6	546.3
			阶段 ET_m	43.9	33.6	43.0	76.5	105.2	115.7	417.9
		25%	起止日期/(月.日)	9.22—11.20	11.21—3.10	3.11—4.20	4.21—5.13	5.14—6.1	6.2—6.29	9.22—6.29
			作物系数	0.6	0.4~0.6	0.4	0.4~1.3	1.3	0.5~1.3	
			阶段 ET_0	105.5	273.4	107.4	642.5	50.4	45.8	1225.1
			阶段 ET_m	63.3	134.8	43.0	563.7	65.5	38.9	909.3
		50%	起止日期/(月.日)	9.22—11.20	11.21—3.10	3.11—4.20	4.21—5.13	5.14—6.1	6.2—6.29	9.22—6.29
			作物系数	0.6	0.4~0.6	0.4	0.4~1.3	1.3	0.5~1.3	
			阶段 ET_0	105.1	292.6	640.0	56.6	39.4	57.9	1191.6
			阶段 ET_m	63.1	147.7	256.1	49.5	51.1	51.4	618.9
		75%	起止日期/(月.日)	9.22—11.20	11.21—3.10	3.11—4.20	4.21—5.13	5.14—6.1	6.2—6.29	9.22—6.29
			作物系数	0.6	0.4~0.6	0.4	0.4~1.3	1.3	0.5~1.3	
			阶段 ET_0	120.8	273.3	130.7	46.5	34.7	47.1	653.1
			阶段 ET_m	72.5	136.9	52.4	41.0	45.0	39.7	387.5
		95%	起止日期/(月.日)	9.22—11.20	11.21—3.10	3.11—4.20	4.21—5.13	5.14—6.1	6.2—6.29	9.22—6.29
			作物系数	0.6	0.4~0.6	0.4	0.4~1.3	1.3	0.5~1.3	
			阶段 ET_0	118.0	273.0	95.4	59.8	45.3	46.9	638.5
			阶段 ET_m	70.8	134.0	38.3	52.3	58.8	41.2	395.4

续表

地区	观测站	水文年	项目	播种—越冬	越冬—返青	返青—拔节	拔节—抽穗	抽穗—灌浆	灌浆—收获	全生育期
吕梁离石区	兴县	5%	起止日期/（月·日）	9.22—11.20	11.21—3.10	3.11—4.20	4.21—5.13	5.14—6.1	6.2—6.29	9.22—6.29
			作物系数	0.6	0.4~0.6	0.4	0.4~1.3	1.3	0.5~1.3	
			阶段 ET_0	116.5	106.5	111.9	100.6	88.8	121.1	645.4
			阶段 ET_m	69.9	51.7	44.8	88.0	115.5	107.4	477.2
		25%	起止日期/（月·日）	9.22—11.20	11.21—3.10	3.11—4.20	4.21—5.13	5.14—6.1	6.2—6.29	9.22—6.29
			作物系数	0.6	0.4~0.6	0.4	0.4~1.3	1.3	0.5~1.3	
			阶段 ET_0	118.7	111.0	93.3	87.0	72.4	134.6	616.9
			阶段 ET_m	71.2	54.7	37.3	76.8	94.1	115.5	449.7
		50%	起止日期/（月·日）	9.22—11.20	11.21—3.10	3.11—4.20	4.21—5.13	5.14—6.1	6.2—6.29	9.22—6.29
			作物系数	0.6	0.4~0.6	0.4	0.4~1.3	1.3	0.5~1.3	
			阶段 ET_0	99.3	80.8	119.4	100.6	90.1	129.0	619.2
			阶段 ET_m	59.6	39.0	47.8	86.7	117.1	114.1	464.2
		75%	起止日期/（月·日）	9.22—11.20	11.21—3.10	3.11—4.20	4.21—5.13	5.14—6.1	6.2—6.29	9.22—6.29
			作物系数	0.6	0.4~0.6	0.4	0.4~1.3	1.3	0.5~1.3	
			阶段 ET_0	95.5	107.5	127.4	89.6	76.3	151.4	647.7
			阶段 ET_m	57.3	52.5	50.9	76.5	99.2	133.0	469.5
		95%	起止日期/（月·日）	9.22—11.20	11.21—3.10	3.11—4.20	4.21—5.13	5.14—6.1	6.2—6.29	9.22—6.29
			作物系数	0.6	0.4~0.6	0.4	0.4~1.3	1.3	0.5~1.3	
			阶段 ET_0	87.3	110.5	117.5	78.3	93.1	162.3	649.1
			阶段 ET_m	52.4	53.9	47.0	71.8	121.1	142.0	488.1

续表

地区	观测站	水文年	项　目	播种—越冬	越冬—返青	返青—拔节	拔节—抽穗	抽穗—灌浆	灌浆—收获	全生育期
晋中区	介休	5%	起止日期/(月·日)	9.22—11.20	11.21—3.10	3.11—4.20	4.21—5.13	5.14—6.1	6.2—6.29	9.22—6.29
			作物系数	0.6	0.4~0.6	0.4	0.4~1.3	1.3	0.5~1.3	
			阶段 ET_0	106.4	130.8	93.8	97.4	101.1	95.1	624.5
			阶段 ET_m	63.9	63.7	37.7	86.9	131.2	82.2	465.6
		25%	起止日期/(月·日)	9.22—11.20	11.21—3.10	3.11—4.20	4.21—5.13	5.14—6.1	6.2—6.29	9.22—6.29
			作物系数	0.6	0.4~0.6	0.4	0.4~1.3	1.3	0.5~1.3	
			阶段 ET_0	65.0	111.2	82.7	89.3	79.3	131.7	559.2
			阶段 ET_m	39.0	55.2	33.1	83.8	103.0	108.7	422.9
		50%	起止日期/(月·日)	9.22—11.20	11.21—3.10	3.11—4.20	4.21—5.13	5.14—6.1	6.2—6.29	9.22—6.29
			作物系数	0.6	0.4~0.6	0.4	0.4~1.3	1.3	0.5~1.3	
			阶段 ET_0	74.0	107.1	90.2	87.1	73.6	87.3	519.3
			阶段 ET_m	44.4	51.7	36.1	78.0	95.4	73.8	379.6
		75%	起止日期/(月·日)	9.22—11.20	11.21—3.10	3.11—4.20	4.21—5.13	5.14—6.1	6.2—6.29	9.22—6.29
			作物系数	0.6	0.4~0.6	0.4	0.4~1.3	1.3	0.5~1.3	
			阶段 ET_0	93.9	95.7	125.9	106.0	70.5	130.1	622.0
			阶段 ET_m	56.3	45.5	50.5	95.4	91.5	111.5	450.7
		95%	起止日期/(月·日)	9.22—11.20	11.21—3.10	3.11—4.20	4.21—5.13	5.14—6.1	6.2—6.29	9.22—6.29
			作物系数	0.6	0.4~0.6	0.4	0.4~1.3	1.3	0.5~1.3	
			阶段 ET_0	113.7	105.9	100.0	81.4	74.7	106.8	582.6
			阶段 ET_m	68.2	50.4	40.1	67.7	97.0	92.1	415.5

续表

地区	观测站	水文年	项目	播种—越冬	越冬—返青	返青—拔节	拔节—抽穗	抽穗—灌浆	灌浆—收获	全生育期
晋中区	太原	5%	起止日期/(月.日)	9.22—11.20	11.21—3.10	3.11—4.20	4.21—5.13	5.14—6.1	6.2—6.29	9.22—6.29
			作物系数	0.6	0.4~0.6	0.4	0.4~1.3	1.3	0.5~1.3	
			阶段 ET_0	89.9	85.4	108.8	79.0	90.7	129.4	588.9
			阶段 ET_m	53.9	40.9	43.5	71.1	117.9	112.5	443.3
		25%	起止日期/(月.日)	9.22—11.20	11.21—3.10	3.11—4.20	4.21—5.13	5.14—6.1	6.2—6.29	9.22—6.29
			作物系数	0.6	0.4~0.6	0.4	0.4~1.3	1.3	0.5~1.3	
			阶段 ET_0	90.4	90.4	119.9	83.4	88.0	87.2	565.7
			阶段 ET_m	54.3	43.2	48.0	69.3	114.4	83.7	416.5
		50%	起止日期/(月.日)	9.22—11.20	11.21—3.10	3.11—4.20	4.21—5.13	5.14—6.1	6.2—6.29	9.22—6.29
			作物系数	0.6	0.4~0.6	0.4	0.4~1.3	1.3	0.5~1.3	
			阶段 ET_0	102.1	102.4	98.4	95.0	90.3	121.8	620.6
			阶段 ET_m	61.3	48.4	39.4	82.1	117.4	105.4	460.2
		75%	起止日期/(月.日)	9.22—11.20	11.21—3.10	3.11—4.20	4.21—5.13	5.14—6.1	6.2—6.29	9.22—6.29
			作物系数	0.6	0.4~0.6	0.4	0.4~1.3	1.3	0.5~1.3	
			阶段 ET_0	87.6	66.6	99.4	72.9	73.5	97.9	505.4
			阶段 ET_m	52.6	31.4	39.8	64.1	95.5	84.8	372.7
		95%	起止日期/(月.日)	9.22—11.20	11.21—3.10	3.11—4.20	4.21—5.13	5.14—6.1	6.2—6.29	9.22—6.29
			作物系数	0.6	0.4~0.6	0.4	0.4~1.3	1.3	0.5~1.3	
			阶段 ET_0	91.7	101.5	117.9	90.2	86.0	114.5	612.6
			阶段 ET_m	55.0	49.4	47.2	77.5	111.8	103.7	450.9

续表

地区	观测站	水文年	项目	播种—越冬	越冬—返青	返青—拔节	拔节—抽穗	抽穗—灌浆	灌浆—收获	全生育期
晋中区	阳泉	5%	起止日期(月·日)	9.22—11.20	11.21—3.10	3.11—4.20	4.21—5.13	5.14—6.1	6.2—6.29	9.22—6.29
			作物系数	0.6	0.4~0.6	0.4	0.4~1.3	1.3	0.5~1.3	
			阶段 ET_0	100.9	110.4	109.9	96.4	92.5	95.1	610.0
			阶段 ET_m	60.6	52.9	43.9	86.8	120.3	87.6	454.9
		25%	起止日期(月·日)	9.22—11.20	11.21—3.10	3.11—4.20	4.21—5.13	5.14—6.1	6.2—6.29	9.22—6.29
			作物系数	0.6	0.4~0.6	0.4	0.4~1.3	1.3	0.5~1.3	
			阶段 ET_0	125.2	115.0	144.6	70.1	112.5	145.1	726.9
			阶段 ET_m	75.1	54.7	57.9	62.6	146.2	128.0	532.9
		50%	起止日期(月·日)	9.22—11.20	11.21—3.10	3.11—4.20	4.21—5.13	5.14—6.1	6.2—6.29	9.22—6.29
			作物系数	0.6	0.4~0.6	0.4	0.4~1.3	1.3	0.5~1.3	
			阶段 ET_0	77.7	107.9	94.4	107.2	103.0	144.7	653.6
			阶段 ET_m	46.6	52.2	37.8	96.7	133.9	132.2	510.4
		75%	起止日期(月·日)	9.22—11.20	11.21—3.10	3.11—4.20	4.21—5.13	5.14—6.1	6.2—6.29	9.22—6.29
			作物系数	0.6	0.4~0.6	0.4	0.4~1.3	1.3	0.5~1.3	
			阶段 ET_0	127.9	128.7	87.4	93.6	77.8	111.9	640.2
			阶段 ET_m	76.7	61.3	35.0	83.1	101.1	98.8	463.7
		95%	起止日期(月·日)	9.22—11.20	11.21—3.10	3.11—4.20	4.21—5.13	5.14—6.1	6.2—6.29	9.22—6.29
			作物系数	0.6	0.4~0.6	0.4	0.4~1.3	1.3	0.5~1.3	
			阶段 ET_0	117.4	141.2	108.2	125.6	91.9	123.8	717.8
			阶段 ET_m	70.5	68.6	43.3	109.2	119.5	108.9	525.7

续表

地区	观测站	水文年	项　目	播种—越冬	越冬—返青	返青—拔节	拔节—抽穗	抽穗—灌浆	灌浆—收获	全生育期
晋中区	榆社	5%	起止日期/（月·日）	9.22—11.20	11.21—3.10	3.11—4.20	4.21—5.13	5.14—6.1	6.2—6.29	9.22—6.29
			作物系数	0.6	0.4~0.6	0.4	0.4~1.3	1.3	0.5~1.3	
			阶段 ET_0	98.4	64.4	77.7	68.5	61.0	98.1	474.4
			阶段 ET_m	59.1	30.4	31.1	60.9	79.2	84.8	349.2
		25%	起止日期/（月·日）	9.22—11.20	11.21—3.10	3.11—4.20	4.21—5.13	5.14—6.1	6.2—6.29	9.22—6.29
			作物系数	0.6	0.4~0.6	0.4	0.4~1.3	1.3	0.5~1.3	
			阶段 ET_0	78.5	73.2	67.4	71.7	57.6	91.7	447.4
			阶段 ET_m	47.1	35.1	27.0	62.2	74.9	78.6	329.1
		50%	起止日期/（月·日）	9.22—11.20	11.21—3.10	3.11—4.20	4.21—5.13	5.14—6.1	6.2—6.29	9.22—6.29
			作物系数	0.6	0.4~0.6	0.4	0.4~1.3	1.3	0.5~1.3	
			阶段 ET_0	121.8	96.4	104.5	72.4	83.4	122.6	605.9
			阶段 ET_m	73.1	45.1	41.8	59.6	108.4	108.0	438.8
		75%	起止日期/（月·日）	9.22—11.20	11.21—3.10	3.11—4.20	4.21—5.13	5.14—6.1	6.2—6.29	9.22—6.29
			作物系数	0.6	0.4~0.6	0.4	0.4~1.3	1.3	0.5~1.3	
			阶段 ET_0	70.6	70.5	94.7	81.4	75.2	98.3	494.6
			阶段 ET_m	42.4	33.2	37.9	74.6	97.8	90.8	378.9
		95%	起止日期/（月·日）	9.22—11.20	11.21—3.10	3.11—4.20	4.21—5.13	5.14—6.1	6.2—6.29	9.22—6.29
			作物系数	0.6	0.4~0.6	0.4	0.4~1.3	1.3	0.5~1.3	
			阶段 ET_0	96.2	75.5	87.4	78.6	72.1	111.0	527.4
			阶段 ET_m	57.7	35.3	35.0	65.5	93.7	101.1	392.2

续表

地区	观测站	水文年	项目	播种—越冬	越冬—返青	返青—拔节	拔节—抽穗	抽穗—灌浆	灌浆—收获	全生育期
长治晋城区	阳城	5%	起止日期/(月·日)	9.27—11.24	11.25—3.3	3.4—4.10	4.11—5.4	5.5—5.26	5.27—6.20	9.27—6.20
			作物系数	0.6	0.4~0.6	0.4	0.4~1.3	1.3	0.5~1.3	
			阶段 ET_0	92.0	94.5	78.0	76.4	79.0	85.1	505.1
			阶段 ET_m	55.2	46.1	31.2	67.9	102.7	74.1	377.2
		25%	起止日期/(月·日)	9.27—11.24	11.25—3.3	3.4—4.10	4.11—5.4	5.5—5.26	5.27—6.20	9.27—6.20
			作物系数	0.6	0.4~0.6	0.4	0.4~1.3	1.3	0.5~1.3	
			阶段 ET_0	91.4	101.5	103.7	83.5	100.2	107.0	587.2
			阶段 ET_m	54.8	48.2	41.5	72.0	130.2	94.9	441.6
		50%	起止日期/(月·日)	9.27—11.24	11.25—3.3	3.4—4.10	4.11—5.4	5.5—5.26	5.27—6.20	9.27—6.20
			作物系数	0.6	0.4~0.6	0.4	0.4~1.3	1.3	0.5~1.3	
			阶段 ET_0	93.9	102.4	270.4	83.1	98.4	102.0	750.3
			阶段 ET_m	56.3	50.1	108.2	71.5	128.0	86.4	500.4
		75%	起止日期/(月·日)	9.27—11.24	11.25—3.3	3.4—4.10	4.11—5.4	5.5—5.26	5.27—6.20	9.27—6.20
			作物系数	0.6	0.4~0.6	0.4	0.4~1.3	1.3	0.5~1.3	
			阶段 ET_0	77.5	84.2	104.6	86.4	79.8	127.9	560.4
			阶段 ET_m	46.5	41.7	41.8	77.9	103.7	112.0	423.6
		95%	起止日期/(月·日)	9.27—11.24	11.25—3.3	3.4—4.10	4.11—5.4	5.5—5.26	5.27—6.20	9.27—6.20
			作物系数	0.6	0.4~0.6	0.4	0.4~1.3	1.3	0.5~1.3	
			阶段 ET_0	92.7	123.1	86.9	76.5	89.6	106.7	575.5
			阶段 ET_m	55.6	60.2	34.8	62.8	116.5	93.0	422.9

续表

地区	观测站	水文年	项 目	播种—越冬	越冬—返青	返青—拔节	拔节—抽穗	抽穗—灌浆	灌浆—收获	全生育期
长治	长治 晋城区	5%	起止日期/（月·日）	9.27—11.24	11.25—3.3	3.4—4.10	4.11—5.4	5.5—5.26	5.27—6.20	9.27—6.20
			作物系数	0.6	0.4~0.6	0.4	0.4~1.3	1.3	0.5~1.3	
			阶段ET_0	83.5	60.7	77.5	60.9	85.9	97.0	465.5
			阶段ET_m	50.1	30.3	31.0	53.8	111.6	88.7	365.4
		25%	起止日期/（月·日）	9.27—11.24	11.25—3.3	3.4—4.10	4.11—5.4	5.5—5.26	5.27—6.20	9.27—6.20
			作物系数	0.6	0.4~0.6	0.4	0.4~1.3	1.3	0.5~1.3	
			阶段ET_0	71.5	76.0	94.4	82.2	91.5	90.4	506.1
			阶段ET_m	42.9	36.9	37.8	77.8	119.0	84.0	398.3
		50%	起止日期/（月·日）	9.27—11.24	11.25—3.3	3.4—4.10	4.11—5.4	5.5—5.26	5.27—6.20	9.27—6.20
			作物系数	0.6	0.4~0.6	0.4	0.4~1.3	1.3	0.5~1.3	
			阶段ET_0	110.7	82.5	72.1	95.5	57.4	99.6	517.8
			阶段ET_m	66.4	39.5	28.8	81.2	74.6	87.2	377.7
		75%	起止日期/（月·日）	9.27—11.24	11.25—3.3	3.4—4.10	4.11—5.4	5.5—5.26	5.27—6.20	9.27—6.20
			作物系数	0.6	0.4~0.6	0.4	0.4~1.3	1.3	0.5~1.3	
			阶段ET_0	90.7	98.4	82.1	100.3	67.4	117.1	556.1
			阶段ET_m	54.4	47.3	33.0	90.5	87.5	100.6	413.3
		95%	起止日期/（月·日）	9.27—11.24	11.25—3.3	3.4—4.10	4.11—5.4	5.5—5.26	5.27—6.20	9.27—6.20
			作物系数	0.6	0.4~0.6	0.4	0.4~1.3	1.3	0.5~1.3	
			阶段ET_0	108.7	124.2	76.5	80.5	81.4	100.2	571.5
			阶段ET_m	65.2	59.8	30.6	70.4	105.9	90.2	422.0

续表

地区	观测站	水文年	项 目	播种—越冬	越冬—返青	返青—拔节	拔节—抽穗	抽穗—灌浆	灌浆—收获	全生育期
临汾区	临汾	5%	起止日期/(月·日)	10.5~12.20	12.21~2.16	2.17~4.2	4.3~5.1	5.2~5.19	5.20~6.10	10.5~6.10
			作物系数	0.6	0.4~0.6	0.4	0.4~1.3	1.3	0.5~1.3	
			阶段 ET_0	85.5	169.4	82.0	85.1	55.5	70.6	548.2
			阶段 ET_m	51.3	78.8	32.8	74.6	72.1	58.9	368.6
		25%	起止日期/(月·日)	10.5~12.20	12.21~2.16	2.17~4.2	4.3~5.1	5.2~5.19	5.20~6.10	10.5~6.10
			作物系数	0.6	0.4~0.6	0.4	0.4~1.3	1.3	0.5~1.3	
			阶段 ET_0	73.8	49.2	74.8	97.1	70.2	81.0	446.1
			阶段 ET_m	44.3	22.9	29.9	84.9	91.3	69.8	343.2
		50%	起止日期/(月·日)	10.5~12.20	12.21~2.16	2.17~4.2	4.3~5.1	5.2~5.19	5.20~6.10	10.5~6.10
			作物系数	0.6	0.4~0.6	0.4	0.4~1.3	1.3	0.5~1.3	
			阶段 ET_0	75.8	56.9	65.6	88.0	67.4	77.1	430.7
			阶段 ET_m	45.5	26.7	26.2	77.5	87.6	66.2	329.8
		75%	起止日期/(月·日)	10.5~12.20	12.21~2.16	2.17~4.2	4.3~5.1	5.2~5.19	5.20~6.10	10.5~6.10
			作物系数	0.6	0.4~0.6	0.4	0.4~1.3	1.3	0.5~1.3	
			阶段 ET_0	103.3	64.1	94.7	85.7	60.4	103.1	511.2
			阶段 ET_m	62.0	29.5	37.9	75.2	78.5	88.4	371.5
		95%	起止日期/(月·日)	10.5~12.20	12.21~2.16	2.17~4.2	4.3~5.1	5.2~5.19	5.20~6.10	10.5~6.10
			作物系数	0.6	0.4~0.6	0.4	0.4~1.3	1.3	0.5~1.3	
			阶段 ET_0	84.5	55.9	67.2	94.6	76.7	102.7	481.6
			阶段 ET_m	50.7	26.7	26.9	81.7	99.7	91.1	376.7

续表

地区	观测站	水文年	项目	播种—越冬	越冬—返青	返青—拔节	拔节—抽穗	抽穗—灌浆	灌浆—收获	全生育期
临汾区	隰县	5%	起止日期/(月.日)	10.5—12.20	12.21—2.16	2.17—4.2	4.3—5.1	5.2—5.19	5.20—6.10	10.5—6.10
			作物系数	0.6	0.4~0.6	0.4	0.4~1.3	1.3	0.5~1.3	
			阶段 ET_0	83.9	54.4	69.2	100.9	50.4	80.8	439.6
			阶段 ET_m	50.4	26.1	27.7	90.8	65.6	70.8	331.3
		25%	起止日期/(月.日)	10.5—12.20	12.21—2.16	2.17—4.2	4.3—5.1	5.2—5.19	5.20—6.10	10.5—6.10
			作物系数	0.6	0.4~0.6	0.4	0.4~1.3	1.3	0.5~1.3	
			阶段 ET_0	81.9	87.9	82.9	80.3	59.6	110.8	503.4
			阶段 ET_m	49.1	43.0	33.2	66.7	77.4	95.2	364.7
		50%	起止日期/(月.日)	10.5—12.20	12.21—2.16	2.17—4.2	4.3—5.1	5.2—5.19	5.20—6.10	10.5—6.10
			作物系数	0.6	0.4~0.6	0.4	0.4~1.3	1.3	0.5~1.3	
			阶段 ET_0	75.7	54.8	71.5	100.3	69.6	95.0	466.9
			阶段 ET_m	45.4	25.3	28.6	86.2	90.5	80.9	356.9
		75%	起止日期/(月.日)	10.5—12.20	12.21—2.16	2.17—4.2	4.3—5.1	5.2—5.19	5.20—6.10	10.5—6.10
			作物系数	0.6	0.4~0.6	0.4	0.4~1.3	1.3	0.5~1.3	
			阶段 ET_0	73.7	61.8	90.6	108.1	70.0	91.7	495.8
			阶段 ET_m	44.2	28.2	36.2	96.2	91.0	84.0	379.9
		95%	起止日期/(月.日)	10.5—12.20	12.21—2.16	2.17—4.2	4.3—5.1	5.2—5.19	5.20—6.10	10.5—6.10
			作物系数	0.6	0.4~0.6	0.4	0.4~1.3	1.3	0.5~1.3	
			阶段 ET_0	89.9	66.2	85.3	80.8	58.3	101.8	482.2
			阶段 ET_m	53.9	30.2	34.1	74.0	75.8	88.8	356.9

续表

地区	观测站	水文年	项 目	播种—越冬	越冬—返青	返青—拔节	拔节—抽穗	抽穗—灌浆	灌浆—收获	全生育期
运城区	侯马	5%	起止日期/（月·日）	10.1—12.20	12.21—2.10	2.11—3.20	3.21—4.20	4.21—5.10	5.11—6.3	10.1—6.3
			作物系数	0.6	0.4~0.6	0.4	0.4~1.3	1.3	0.5~1.3	
			阶段 ET_0	63.0	60.8	69.9	101.1	73.0	97.7	465.5
			阶段 ET_m	37.8	33.2	28.0	87.8	94.9	84.5	366.1
		25%	起止日期/（月·日）	10.1—12.20	12.21—2.10	2.11—3.20	3.21—4.20	4.21—5.10	5.11—6.3	10.1—6.3
			作物系数	0.6	0.4~0.6	0.4	0.4~1.3	1.3	0.5~1.3	
			阶段 ET_0	82.1	52.2	57.6	80.8	64.9	73.6	411.2
			阶段 ET_m	49.3	27.1	23.0	76.9	84.4	62.7	323.5
		50%	起止日期/（月·日）	10.1—12.20	12.21—2.10	2.11—3.20	3.21—4.20	4.21—5.10	5.11—6.3	10.1—6.3
			作物系数	0.6	0.4~0.6	0.4	0.4~1.3	1.3	0.5~1.3	
			阶段 ET_0	71.7	56.2	53.9	80.5	73.7	79.5	415.4
			阶段 ET_m	43.0	29.3	21.5	74.3	95.8	66.7	330.6
		75%	起止日期/（月·日）	10.1—12.20	12.21—2.10	2.11—3.20	3.21—4.20	4.21—5.10	5.11—6.3	10.1—6.3
			作物系数	0.6	0.4~0.6	0.4	0.4~1.3	1.3	0.5~1.3	
			阶段 ET_0	71.6	46.8	67.8	99.9	92.4	90.0	468.4
			阶段 ET_m	42.9	24.6	27.1	90.9	120.1	76.3	382.0
		95%	起止日期/（月·日）	10.1—12.20	12.21—2.10	2.11—3.20	3.21—4.20	4.21—5.10	5.11—6.3	10.1—6.3
			作物系数	0.6	0.4~0.6	0.4	0.4~1.3	1.3	0.5~1.3	
			阶段 ET_0	84.2	49.1	56.0	80.0	75.8	96.0	441.0
			阶段 ET_m	50.5	25.4	22.4	76.6	98.5	81.7	355.1

续表

地区	观测站	水文年	项目	播种—越冬	越冬—返青	返青—拔节	拔节—抽穗	抽穗—灌浆	灌浆—收获	全生育期
运城区	运城	5%	起止日期/(月·日)	10.1—12.20	12.21—2.10	2.11—3.20	3.21—4.20	4.21—5.10	5.11—6.3	10.1—6.3
			作物系数	0.6	0.4~0.6	0.4	0.4~1.3	1.3	0.5~1.3	
			阶段 ET_0	71.4	84.5	89.3	92.3	96.1	117.7	551.2
			阶段 ET_m	42.8	44.3	35.7	86.5	124.9	105.0	439.2
		25%	起止日期/(月·日)	10.1—12.20	12.21—2.10	2.11—3.20	3.21—4.20	4.21—5.10	5.11—6.3	10.1—6.3
			作物系数	0.6	0.4~0.6	0.4	0.4~1.3	1.3	0.5~1.3	
			阶段 ET_0	102.6	65.0	79.9	92.9	72.2	97.6	510.2
			阶段 ET_m	61.6	34.7	32.0	83.1	93.8	82.1	387.2
		50%	起止日期/(月·日)	10.1—12.20	12.21—2.10	2.11—3.20	3.21—4.20	4.21—5.10	5.11—6.3	10.1—6.3
			作物系数	0.6	0.4~0.6	0.4	0.4~1.3	1.3	0.5~1.3	
			阶段 ET_0	89.0	79.8	62.2	92.4	70.5	93.6	487.5
			阶段 ET_m	53.4	41.9	24.9	85.3	91.7	82.0	379.3
		75%	起止日期/(月·日)	10.1—12.20	12.21—2.10	2.11—3.20	3.21—4.20	4.21—5.10	5.11—6.3	10.1—6.3
			作物系数	0.6	0.4~0.6	0.4	0.4~1.3	1.3	0.5~1.3	
			阶段 ET_0	100.5	71.5	92.6	117.5	71.6	107.4	561.1
			阶段 ET_m	60.3	38.3	37.0	103.3	93.1	94.4	426.5
		95%	起止日期/(月·日)	10.1—12.20	12.21—2.10	2.11—3.20	3.21—4.20	4.21—5.10	5.11—6.3	10.1—6.3
			作物系数	0.6	0.4~0.6	0.4	0.4~1.3	1.3	0.5~1.3	
			阶段 ET_0	99.0	67.7	64.0	83.1	81.3	111.7	506.9
			阶段 ET_m	59.4	35.1	25.6	77.3	105.8	95.2	398.4

第五章　充分供水的灌溉制度

第一节　灌溉制度的拟定方法

充分灌溉是以获得高额稳定的单位面积产量为目标，要求小麦任何阶段都不因灌溉供水量不足，或者因灌溉供水不及时，导致小麦生长受到抑制而减产。要求小麦根系层土壤含水量或土壤水势控制在某一适宜范围内。当土壤水分因小麦蒸发蒸腾耗水降低到或接近于小麦适宜土壤含水率下限时，即进行灌溉。充分灌溉作为灌溉用水管理和灌溉制度设计基本理论依据，一直延续至今。然而，由于水资源紧缺，在灌溉用水管理实践中，充分灌溉的运行实践很难实现，特别是在干旱缺水地区。

首先是灌溉制度设计方法决定了充分灌溉运行管理是不可能的。在灌溉制度设计中采用了保证率的概念，即意味着只有在一定的保证率范围内能实现充分灌溉，如设计保证率为 75%，表示该灌溉制度设计能够保证在 100 年内只有 75 年达到充分灌溉，允许有 25 年不能满足小麦需水量要求。而在灌溉用水管理实践中，确定某一年是设计保证率年还是非设计保证率年，由于降雨和气候等因素变化的随机性，是难以决定的，因此按充分灌溉方法进行灌溉用水管理决策可能不是最优决策；其次是按照充分灌溉设计灌溉制度，隐含了一个假定，即灌溉水价很低，或灌溉水费在农业生产成本中所占比例很小，以至可以忽略不计。这对于高效用水和保护性开发利用水资源是十分不利的；再者随着工业生产发展、居民生活水平的提高、工业和城镇生活用水显著增加，大量地挤占了农业用水，使得本来供水不足的农业用水更趋紧张，实现充分灌溉更加困难。在干旱半干旱地区的大部分灌区，已出现严重的灌溉面积萎缩和单位面积供水量减小。因此国外从 20 世纪 70 年代提出了非充分灌溉或称为有限灌溉的概念，国内从 20 世纪 80 年代，提出了经济用水与非充分灌溉概念。充分供水灌溉制度的拟定方法有以下几种。

一、调查方法

通过走访调查当地的种植情况，总结灌水的时间、定额和次数，这个主要依据当地的普遍种植模式，历年来的情况。但是对于某一年，可能不是最好的灌溉制度。

二、试验资料分析法

通过田间试验资料对比分析，产量最大的处理对应的灌水时间、定额及次数就是充分供水的灌溉制度，如第三章3.4所示。

三、水量平衡法

充分供水的灌溉制度是指以满足小麦需水要求获得高产为目标的灌溉制度，应根据小麦需水规律和降雨分布等，按水量平衡原理分析制定。

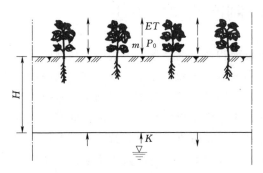

图5-1　土壤计划湿润层水量平衡
示意图（郭元裕，1997）

用水量平衡分析法制定小麦的灌溉制度时，通常以作物主要根系吸水层作为灌水时的土壤计划湿润层，并要求该土层内的贮水量能保持在小麦所要求的范围内。

对于小麦，在整个生育期中任何一个时段 t，土壤计划湿润层（H）内贮水量的变化可以用水量平衡方程表示（图5-1）：

$$W_t - W_0 = W_r + P_0 + K + M - ET \qquad (5-1)$$

式中：W_t、W_0 分别为时段初和任一时间 t 时的土壤计划湿润层内的贮水量；W_r 为由于计划湿润层增加而增加的水量，如计划湿润层在时段内无变化则无此项；P_0 为保存在土壤计划湿润层内的有效雨量；K 为时段 t 内的地下水补给量，即 $K = kt$，k 为 t 时段内平均每昼夜地下水补给量；M 为时段 t 内的灌溉水量；ET 为时段 t 内的小麦需水量，即 $ET = et$，e 为 t 时段内平均每昼夜的小麦需水量；以上各值可以用 mm 计。

在式（5-1）中，若把小麦全生育期看作一个时段，并把式（5-1）重写为

$$M = W_t - W_0 - W_r - P_0 - K + ET \qquad (5-2)$$

式中：$W_t - W_0$ 为小麦播前水利用量。

在一般试验中，为保证小麦正常出苗，常根据播前土壤墒情进行播前灌溉，所以播前土壤贮水量是一个较为稳定的值，而小麦收获时的土壤贮水量，则依小麦生育期内的降水量和地下水埋深有较大变化。根据对各试验站1m深土层内的土壤贮水量统计分析，求得小麦分区播前水利用量，结果见表5-1～表5-6。

在把小麦整个生育期看作一个时段的情况下，相当于在小麦整个生育期内，土壤贮水量均按一个深度计算，故 $W_r = 0$。

有效降雨量 P_0，是根据每次降雨量（即日降雨量）小于2mm为无效降雨量，再考虑过大雨量产生的深层渗漏，通过对典型年降雨量的统计分析，见表5-1～表5-6。

地下水补给量 K 依地下水埋深不同而变化，由地下水利用量专项试验分析确定。将在其他章节中讨论，这里不与考虑。

为了满足小麦正常生长要求，任一时段内土壤计划湿润层内的含水量（或贮水量）必须经常保持在一定的适宜范围以内，即通常要求不小于小麦允许的最小含水量（或最小贮水量）和不大于小麦允许的最大含水量（或最大贮水量）。在天然情况下，由于各时段内需水量是一种经常的消耗，而降雨则是时段的补给。因此，在某些时段内降雨很小或没有降雨量时，往往使土壤计划湿润层内的含水量降低到或接近于小麦允许的最小含水量，此时即需进行灌溉，补充土层中消耗掉的水量。

例如，某时段内没有灌溉也没有降雨，土壤计划湿润层也无变化，随着时间的推移，土壤贮水量将降至下限，显然这一时段内的水量平衡方程可写为

$$W_{min} = W_0 - ET + K \qquad (5-3)$$

式中：W_{min} 为土壤计划湿润层内允许最小储水量；其他符号意义同前。

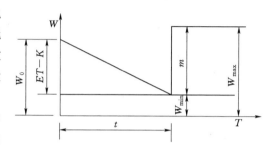

图 5-2　土壤计划湿润层内贮水量变化（郭元裕，1997）

如图 5-2 所示，设时段初土壤贮水量为 W_0，则由式（5-3）可推算出开始进行灌水时的时间间隔为

$$t = \frac{W_0 - W_{min}}{e - k} \qquad (5-4)$$

而这一时段末灌水定额 m 为

$$m = W_{max} - W_{min} = H(\theta_{max} - \theta_{min}) \times 10^4 \qquad (5-5)$$

或

$$m = W_{max} - W_{min} = \gamma H(\theta'_{max} - \theta'_{min}) \times 10^4 \qquad (5-6)$$

式中：m 为灌水定额，m^3/hm^2；H 为该时段内土壤计划湿润层的厚度，m；θ_{max}、θ_{min} 分别为该时段内土壤允许的最大含水率和最小含水率（以占土体体积的％计）；γ 为计划湿润层内土壤的干容重，t/m^3；θ'_{max}、θ'_{min} 分别为该时段内土壤允许的最大含水率和最小含水率（以占干土重的％计）。

同理，可计算确定小麦全生育期各阶段不同情况下的灌水时间和灌水定额。

当地下水埋深较浅时，地下水可通过土壤毛细管作用而向上运动，直达小麦根系层，补充根系层由于蒸发蒸腾造成的水分亏缺。一般认为，当地下水埋深小于 3m 时，地下水对小麦根系层补给水量就不能忽略不计。地下水对小麦需水量

的影响，直观反映是在用田测法测定小麦需水量时，由于根系层土壤水分常处于较高状态，灌溉水量较小，实测小麦需水量偏小，小于小麦需水量。而实际情况是由于地下水补给，小麦实际腾发量增大了，一般大于小麦的需水量。为此，在地下水埋深较浅时，必须采用有底测坑，隔绝地下水来测定小麦需水量。但是在实际规划设计和用水管理中，则必须知道地下水对小麦根系层土壤水的补给量。另外，地下水通过土壤表面和小麦蒸发蒸腾的水量消耗，亦称为潜水蒸发，这是水资源评价和管理中的一项重要参数。

第二节　有效降雨量的计算

一、有效降雨量的概念

降水降落到地面后，若降雨强度超过了地面下渗能力，则超过地面下渗能力的降水形成地面径流，剩下的入渗到土壤中。入渗到土壤中后，一部分储存在土壤小麦根区中，超过土壤储水能力的部分，形成自由重力水，在重力的作用下沿土壤剖面向下运移至小麦根区以下，形成深层渗漏。在确定某种小麦的灌溉需水量时，必须考虑降水提供的有效降雨量。在农田灌溉领域中，对于旱小麦来说，有效降雨量是指用于满足小麦蒸发蒸腾需要的那部分降水量，因此降雨量需扣除地表径流量和深层渗漏量。有效降雨量的精准确定能够促进在制定小麦灌溉制度、灌溉用水管理、灌溉排水规划、高效利用水资源等方面的技术的提升。但是由于降雨的特性、小麦的种类及耗水的特性、土壤的特性以及农田耕作管理的方式等因素都会影响到有效降雨量，因此目前有效降雨量的分析计算较困难。

有效降雨量常用的方法有：田间仪器直接测定法、水量平衡法和经验公式法等，其中水量平衡法是目前研究的热点。如 A. S. Atwardhan 等提出了基于土壤水量平衡模型的两种有效降雨量计算方法及适用条件；杨燕山等提出了计算内蒙古西部风沙区耕地有效降雨量的经验公式；马建琴等提出了经验的降雨利用系数法计算有效降雨量；刘战东等对小麦在相同条件下不同模式的有效降雨量模拟计算的结果存在明显的差异。因为有效降雨量的因素较多，另外，区域的地理位置、气候条件等也会影响有效降雨量的计算，故根据区域的特定条件应确定合理的计算方法。本文针对山西省地区的气象资料和当地大田的冬小麦的土壤水分资料进行了有效降雨量的计算，对当地小麦灌溉制度、灌溉排水规划的制定及高效利用水资源等方面具有重要的实际指导意义。

二、估算方法

制定合理的灌溉计划，一方面要求关心每天的天气预报，对未来的天气变化以及可能出现的降水日期及降水量做出尽可能准确的估算；另一方面还必须综合考虑土壤、小麦生长发育及水分消耗状况，对每次的降水量中有多少可供小麦利用，即有效降水量要做出科学的估算，这样在制定灌溉计划时才能达到适时适量按计划供水和避免灌溉水资源浪费的目的。因此，严格地说，科学的灌溉管理决策要求对降水的有效性作实时估算。

1. 水量平衡法

在对每次降水的有效降水进行实时估算时，使用最多的方法仍是传统的水量平衡法，及以降水可影响土层内的水量平衡方程来进行计算，其公式如下：

$$W_t = W_0 + P_t - R_t - ET_t \qquad (5-7)$$

式中：W_t 为降水停止后第二天的田间土壤贮水量，mm；W_0 为降水开始前的田间土壤贮水量，mm；P_t 为降水量，mm；R_t 为由降水 P_t 产生的田面径流量，mm；ET_t 为整个降水时段内的小麦蒸腾量，mm。

式（5-7）没有考虑地下径流，对于绝大多数情况其误差一般不会太大。存储在可影响降水土层内的水量，如果在小麦主要根系活动层内，则有效降水量（P_e）可按式（5-8）计算；如果在小麦主要根系活动层内蓄纳不下，则有部分水量形成了深层渗漏，在此情况下的有效降水量可按式（5-9）来计算：

$$P_e = W_t - W_0 + ET_t \qquad (5-8)$$

$$P_e = W_t - W_0 - D + ET_t \qquad (5-9)$$

式中：D 为由降水 P_t 产生的深层渗漏量，mm。

从上面的公式可以看出，如果要对每场降水的有效降水量进行实时估算，必须准确估算该场降水所形成的田间土层蓄水量变化和深层渗漏量。

（1）田间土层蓄水量变化量。田间土层蓄水量变化量可通过雨前、雨后测定土层内的土壤含水率计算得到。土壤含水率的测定可用取土烘干法测定，如果条件具备，可在田间埋设中子管用中子仪测定。直接测定法的优点是可以不用考虑雨强的变化和土壤入渗能力的差异，分析计算也比较简单，但这种方法却要求在每次降水前后都要及时测定土壤含水率，一是工作量大；二是难于准确掌握取土时间，三是如果地下水位较高的话也难于准确地估算出入渗量究竟有多大，因为形成深层渗漏的水分用直接测定法难以估算出。

（2）深层渗漏量。假如小麦主要根系活动层的深度为 H，达到田间持水量 θ_m 时的最大土壤贮水量为 W_n，则降雨结束后主要根系活动层的土壤贮水量 W_t 和深层渗漏量 D 可通过下面的比较分析得到。

当 $W \leqslant W_n$ 时，则 $W_t = W$，$D = 0$；

当 $W > W_n$ 时，则 $W_t = W_n$，$D = W - W_n$。

式中：W 为通过降水-产流分析计算得到的降水前土壤贮水量 W_0 与降雨入渗量 F 之和，即 $W_0 + F$。

2. 经验公式法

国内学者在科学研究或工程设计中，一般规定次降水量小于某一数值时为全部有效，大于某一数值时用次降水量乘以某一有效利用系数值确定，多数情况下都没有考虑阶段需水量和下垫面的土壤储水能力，其计算公式的形式为

$$P_e = \alpha P_t \tag{5-10}$$

式中：P_t 为次降水量，mm；P_e 为有效降水量，mm；α 为降水入渗系数或降水有效利用系数，其值与次降水量、降水强度、降水持续时间、土壤性质、地面覆盖及地形等因素有关。

一般认为次降水量小于 5mm 时，$\alpha = 0$，但根据本章第一节给出的有效降水定义，α 取值应该为 1.0；当次降水量介于 5～50mm 之间时，α 取值范围为 0.8～1.0；当次降水量大于 50mm 时，$\alpha = 0.7～0.8$。

事实上，系数 α 值不仅与上面提到的因素有关，而且还与上一次的降水量、降水强度及两次降水之间的时间间隔和这一时段内的小麦蒸发蒸腾强度也有直接关系。因此，相邻两次降水量及降水强度可能完全相同，但 α 取值则可能有着较大的差异。

三、有效降雨量的计算

通过山西省临汾市气象数据、霍泉市冬小麦实测生长资料，计算得到参照作物需水量及作物系数最大值，然后根据降水资料选择不同典型年，采用水量平衡的方法计算不同降水量及不同灌溉次数条件下的有效降水量，并对其研究结果做进一步分析。

1. 有效降雨量计算结果

冬小麦灌水次数分别为无灌溉、2 次、3 次，灌溉日期分别为 12 月 10 日、4 月 17 日、5 月 8 日，不同水文年的具体计算结果见表 5-1。

表 5-1　　　　山西省霍泉不同水文年型冬小麦有效降水量计算结果

水文年	灌水次数	P/mm	M/mm	ET_m/mm	P_e/mm	计算 P_e/mm
5%	0	163.5	0	509.7	163.5	158.3
	2	163.5	150	509.7	163.5	128.1
	3	163.5	225	509.7	163.5	113.0
25%	0	124.1	0	630.6	124.1	129.0
	2	124.1	150	630.6	88.6	98.8
	3	124.1	225	630.6	88.6	83.6
50%	0	217.4	0	560.9	170.0	146.8
	1	217.4	150	557.9	102.6	117.3
	2	217.4	225	508.6	102.6	113.9

水文年	灌水次数	P/mm	M/mm	ET_m/mm	P_e/mm	计算 P_e/mm
75%	0	170.3	0	547.7	143.3	149.3
	1	170.3	150	547.7	105.8	119.1
	2	170.3	225	547.7	105.8	104.0
95%	0	165.6	0	486.7	159.2	163.9
	1	165.6	150	486.7	98.1	133.6
	2	165.6	225	486.7	98.1	118.5

2. 有效降雨量结果分析

采用线性回归的方法建立有效降水量与小麦生长期总的降水量、灌水量和最大腾发量之间的关系。

$$P_f = a_0 + a_1 P + a_2 M + a_3 ET_m \qquad (5-11)$$

式中：P_f 为有效降水量，mm；P 为实际降水量，mm；M 为时段内单位面积上的总灌水量，mm；ET_m 为累积小麦腾发量，mm；a_0、a_1、a_2、a_3 为待定系数。

通过以上回归分析，整理数据，冬小麦生长期的参数系数见表 5-2。

表 5-2　　　冬小麦生育期有效降雨量计算公式的参数拟合结果

模 型 参 数				相关系数 R	F 值
a_0	a_1	a_2	a_3		
278.0	0.01	−0.20	−0.24	0.71	3.80

根据表 5-2 所求系数值，结合山西省晋南实测资料，计算其有效降水量见表 5-3。

表 5-3　　　山西省晋南估算的不同水文年型小麦生育期有效降水量

水文年	作物生长期降水量/mm	田间总耗水量/mm	灌溉定额/mm	灌水次数	计算 P_f/mm
25%	214.5	475.5	225.0	4	121.8
50%	180.0	475.5	252.0	4	115.9
75%	151.5	475.5	274.5	5	111.0
95%	106.5	475.5	318.0	5	101.7

第三节　小麦分区充分灌溉制度

根据上述的原理和方法，分析计算了山西省大同忻州区、晋中区、吕梁区、临汾区、运城区、长治区等地的小麦充分供水的灌溉制度，具体见表 5-4。

表5-4　山西省不同水文年型小麦分区充分灌溉制度

地区	典型县	水文年	降水量/mm	有效降水量/mm	播前土壤贮水量/mm	收获土壤贮水量/mm	土壤水利用量/mm	田间总耗水量/mm	灌溉定额/mm	灌水次数	灌溉时间（以播种日算起的天数表示）
大同忻州区	大同	25%	178.8	178.8	290	247.7	42.3	530.0	60	1	19，43，65
		50%	136.4	136.4	290	253.7	36.3	560.7	60	1	34，49，68
		75%	130.0	130.0	290	176.4	113.6	494.1	60	1	40，53，64
		95%	54.5	54.5	290	267.7	22.3	636.4	180	3	40，66，81，100
	原平	25%	173.2	173.2	280	224.6	55.3	315.9	120	2	61，79
		50%	132.9	132.9	280	294.6	-14.7	343.2	180	3	58，73，89
		75%	110.6	110.6	280	316.4	-36.4	400.8	240	4	39，59，69，81
		95%	55.5	55.5	280	259.6	20.4	375.9	240	4	41，61，71，86
晋中区	晋中	25%	187.5	187.5	284	249.0	35.0	266.5	180	3	180，198，228
		50%	183.5	183.5	284	255.1	28.9	266.4	60	1	197
		75%	112.3	112.3	284	283.3	0.7	321.7	180	3	190，216，239
		95%	80.2	80.2	284	252.9	31.1	400.3	240	4	180，205，225，231
吕梁区	离石	25%	186.5	186.5	230	229.4	0.6	336.5	120	2	243，257
		50%	139.2	139.2	230	179.5	50.5	374.2	180	3	64，119，217
		75%	125.4	125.4	230	181.5	48.5	343.8	180	3	72，132，214
		95%	113.3	113.3	230	216.6	13.4	408.9	240	4	69，117，209，253

续表

地区	典型县	水文年	降水量/mm	有效降水量/mm	播前土壤贮水量/mm	收获土壤贮水量/mm	土壤水利用量/mm	田间总耗水量/mm	灌溉定额/mm	灌水次数	灌溉时间（以播种日算起的天数表示）
临汾区	临汾	25%	221.0	221.0	284	224.8	59.2	250.0	60	1	214
		50%	203.5	203.5	284	323.4	−39.4	356.7	120	2	207、243
		75%	126.0	126.0	284	282.0	2.0	329.9	180	3	81、204、242
		95%	92.0	92.0	284	241.8	42.2	301.1	180	3	81、209、232
	侯马	25%	228.4	228.4	290	274.4	15.5	318.9	60	1	202
		50%	201.7	201.7	290	227.9	62.1	338.7	60	1	203
		75%	130.9	130.9	290	204.1	85.8	350.0	120	2	201、214
		95%	114.2	114.2	290	203.1	86.8	442.7	180	3	195、208、223
运城区	运城	25%	226.0	226.0	264	204.2	59.8	406.0	120	2	210、226
		50%	180.6	180.6	264	234.6	29.4	393.6	240	4	172、196、210、229
		75%	162.1	162.1	264	236.7	27.3	444.5	300	5	157、180、199、221、239
		95%	88.4	88.4	264	208.3	55.7	414.6	300	5	156、180、209、225、237
长治区	长治	25%	230.4	230.4	294	224.6	69.4	369.5	180	3	207
		50%	202.3	202.3	294	273.9	20.1	398.3	120	2	223、233
		75%	177.6	177.6	294	223.2	70.8	395.6	240	4	52、182、204、238
		95%	133.5	133.5	294	251.6	42.4	400.9	300	5	43、74、143、214、239

从表 5-4 可以看出，计算分析的充分灌溉定额比实际情况偏高，这可能是因为在实际灌溉过程中，存在着深层渗漏的情况。充分灌溉是以小麦的产量最大为目标的，而此时效益可能不是最大的。因此，根据实际情况需要分析小麦灌溉效益最大的情况。

第六章 小麦产量和用水量关系

第一节 小麦产量和用水量关系模型

一、小麦用水量-产量关系模型的理论基础

光、热、水、气和养分是小麦生长发育的五大基本要素，它们具有同等重要性和不可替代性。各要素之间存在着相互联系、相互制约的关系。如果一个要素的数量不足，将会限制其他要素作用的发挥，最终影响小麦产量。在一定的生产条件下，产量取决于相对数量最低的因素。例如我国北方干旱、半干旱地区，在小麦适宜生长的时期光、温条件良好，但降水量严重不足。因此即便肥力条件很好，如果没有良好的灌溉，也很难保证小麦高产。所以水是北方地区农业生产中最为重要的限制因子。

小麦的根系从土壤中吸收水分，经根、茎、叶脉后输送到叶表面气孔去，并通过开放的气孔以水汽形式扩散到大气中，这一过程称为小麦的蒸腾过程。小麦的蒸腾过程是维持小麦生命活动的最基本条件。土壤含水量适宜，小麦蒸腾过程不受影响，小麦能够正常生长发育。当土壤的含水量减少到一定程度后，小麦的蒸腾过程将受到影响，这时小麦的光合过程和生长发育过程都将受到不同程度的影响，最终会造成小麦减产。已有大量的研究表明，小麦不同生育阶段缺水对生长发育进程及最终产量的影响也是不同的。

小麦的水分消耗量（用水量）可以看成是水量的投入，而最终产量可以认为是这种投入的产出。这种投入量与产出量之间的数量关系即是小麦用水量-产量关系，也称为小麦水分生产函数。

二、小麦用水量-产量关系模型的分类

小麦用水量-产量关系模型可分为两大类：一是全生育期用水量-产量关系模型，表达的是小麦最终产量与全育期耗水量之间的关系；二是分生育期用水量-产量关系模型，表达的是最终产量与各生育阶段耗水量之间的关系。第一类模型多用于小麦灌溉定额的确定和投入产出分析；第二类模型多用于有限水量在不同区域，不同生育阶段之间的优化配置。

（一）全生育期模型

1. 全生育期用水量-产量关系模型

小麦全育期用水量与最终产量之间的关系通常可作如下描述：随着小麦用水

量从极少的量（严重干旱）变化到极大的量（严重涝害），小麦的生物学产量会从无到有，逐步增加到最大值，然后在逐步下降；对于以生产籽实（如小麦）为目标的小麦，在小麦总用水量从零增加到一定的数量之前，小麦不会形成任何经济产量；当用水量超过可以形成一定经济产量的阈值后，随着用水量继续增加，经济产量也会不断增加，并逐步达到最大值；之后，随着用水量的进一步增加，小麦会开始受到一定程度的危害，致使经济产量不断下降，最终有可能达到零值。许多研究表明，小麦全育期用水量与最终产量之间关系的详细变化过程是比较复杂的，很难用简单的低阶函数描述。但如果将研究的区域缩小，即排除掉用水量与产量关系整个变化过程的两端，只取生产实践中经常发生的区域进行分析。全生育期小麦用水量与产量的模型有绝对值模型和小麦水分生产函数绝对值模型是指小麦产量与全生育期腾发量的关系，多用二次抛物线表示，即

$$Y = a + bET + cET^2 \tag{6-1}$$

式中：Y 为小麦产量，kg/hm^2；ET 为腾发量，mm；a、b、c 为经验系数。

2. 全生育期相对值模型

考虑到不同地区、不同年份、不同自然条件的经验系数变化较大，可用相对产量和相对腾发量建立作物产量与全生育期耗水量之间的关系，两者之间的关系有线性模型［式（6-2）］和非线性模型［式（6-3）］两种情况：

$$1 - \frac{y}{y_m} = \beta \left(1 - \frac{ET}{ET_m}\right) \tag{6-2}$$

$$1 - \frac{y}{y_m} = \beta \left(1 - \frac{ET}{ET_m}\right)^\sigma \tag{6-3}$$

式中：y_m、y 分别为充分供水时最高产量和缺水条件下的实际产量，kg/hm^2；ET_m、ET 分别为充分供水和缺水条件下全生育期总的腾发量，mm；β 为作物产量对水分亏缺反应的敏感系数，亦称减产系数；σ 为系数。

（二）阶段性小麦水模型

小麦分生育阶段用水量-产量之间关系的研究远比全生育期总用水量与产量之间关系的研究要复杂。首先，在实验过程中要设置更多的试验处理，使小麦各个生育阶段都能保持不同的水分胁迫状况，以充分反映各生育阶段不同水分胁迫程度不仅会对当前阶段的小麦生长和发育产生影响，而且可能影响到小麦在下一个或几个阶段的生长发育。此外，由于涉及的变量多，试验组合也多，对试验基本条件及环境控制的要求也更高，试验过程的工作量和成本也大大增加。

与全生育期用水量-产量关系模型相比，小麦分生育阶段用水量-产量关系模

型对小麦产量与用水量关系的描述更为深刻。它不仅描述了小麦水分亏缺程度对产量的影响,而且描述了亏缺发生时期的影响。同等程度的水分亏缺,发生在小麦生长的不同阶段,对最终产量的影响程度是不同的,小麦分生育阶段用水量与产量关系模型即定量地描述了这种关系。

小麦分生育阶段用水量-产量之间关系模型是区域水资源利用规划与科学管理的重要基础。以小麦不同生育阶段对水分亏缺敏感程度的差异为基础,可以对有限水量在小麦不同生育阶段进行合理分配,也可以实现有限水资源在区域内,以及有限水资源在不同区域之间的优化配置。

常用的小麦分生育阶段用水量-产量关系模型可分为相加模型和相乘模型两大类。这两类模型在我国都有一定程度的应用。由于小麦的各个生育阶段都只是整个生长发育过程的一个有机组成部分,不能单独形成产量,所以各生育阶段的影响是很难完全割裂开进行分析的。由于相加模型从形式上看各生育阶段的影响是独立表达的,不能很好地描述任一阶段水分严重亏缺都会导致最终产量为零的情况,故而在我国相乘模型的应用更为普遍。

相乘模型以 Jensen 模型最具代表性,其形式如下:

$$\frac{Y_a}{Y_m} = \prod_{i=1}^{n} \left(\frac{ET_{ci}}{ET_{cmi}}\right)^{\lambda_i} \tag{6-4}$$

式中:Y_a 为小麦在某一供水条件下的实际产量,kg/hm^2;Y_m 为小麦在供水充足条件下的最大产量,kg/hm^2;ET_{ci} 为小麦第 i 个生育阶段的实际耗水量,mm;ET_{cmi} 为小麦在充分供水条件下第 i 个生育阶段的最大耗水量,mm;n 为整个生育期划分的生育阶段数量;i 为表示第 i 个生育阶段;λ_i 为小麦第 i 个生育阶段对缺水的敏感指数。

Jensen 模型有以下几方面缺点:

(1)连乘的形式可以更好地反映小麦各生育阶段之间相互促进、相互制约的关系,并且能够很好地描述一阶段水分严重亏缺都会导致最终产量为零的情况。

(2)$\frac{Y_a}{Y_m}$ 和 $\frac{ET_{ci}}{ET_{cmi}}$ 相比的形式可以消除量纲的影响。各生育阶段不论长短,耗水量不论大小,都可以用相对值作为自变量,描述用水状况与相对产量之间的关系。各生育阶段某些特殊因子的影响也可以通过采用相对值的方法部分地消除。

(3)λ 是小麦各生育阶段对水分亏缺的敏感指数。由于采用无量纲变量的连乘形式,因此可以根据 λ 值的大小判断小麦各生育阶段对水分亏缺的敏感程度。

考虑到 Jensen 模型的结构特性,即,假如把相邻两个阶段合并为一个阶段

时，水分敏感指数似乎有相加的特性，尽管不是很严格，即

$$\left(\frac{ET_1+ET_2}{ET_{m1}+ET_{m2}}\right)^{\lambda_1+\lambda_2} \approx \left(\frac{ET_1}{ET_{m1}}\right)^{\lambda_1} \left(\frac{ET_2}{ET_{m2}}\right)^{\lambda_2} \tag{6-5}$$

而且，仔细观察阶段水分敏感指数累加值与生长天数的关系，可发现其变化规律基本符合逻辑斯蒂函数，说明水分敏感指数较好地反映了小麦的生长过程特性，即小麦产量对阶段水分亏缺的敏感性也符合小麦生长前期和后期生长势（如干物质积累速率）弱，中期生长势强的生长特性。据此王仰仁等（1997）提出了如下以相对腾发量为自变量的过程模型，即

$$\frac{y}{y_m} = \prod_{i=0}^{n}\left[\frac{ET(\Delta t_i)}{ET_m(\Delta t_i)}\right]^{\lambda(\Delta t_i)} \tag{6-6}$$

$$\lambda(\Delta t_i) = z(t_i) - z(t_{i-1}) \tag{6-7}$$

$$Z(t) = \frac{c}{1+e^{a-bt}} \tag{6-8}$$

$$\Delta t_i = t_i - t_{i-1}$$

式中：t_i 为从播种日或某一指定日期算起的小麦生长天数；$\lambda(\Delta t_i)$ 为时段 $\Delta t_i = t_i - t_{i-1}$ 的水分敏感指数值；$Z(t)$ 为水分敏感指数累积曲线；$ET(\Delta t_i)$、$ET_m(\Delta t_i)$ 分别为与 y 和 y_m 相对应的 Δt_i 时段的小麦耗水量；a、b、c 为待定系数。

王仰仁等用山西省鼓水灌区试验站和北京永乐店试验站四站年共计 43 个冬小麦处理的受旱试验资料求得待定系数，$a=4.72$，$b=0.0637$，$c=0.9160$。时间 t 从小麦返青起始日算起，全期为 120d 左右。

第二节　小麦产量和用水量模型参数的率定

一、二次抛物线模型的参数率定

根据山西省大同御河、中心试验站、潇水河、临汾、黎城、夹马口、滹沱河、潇河、神溪、文峪河、镇子梁、原平阳武河、平陆、霍泉、新绛鼓水、利民等灌溉试验站的数据分析计算了春小麦、冬小麦生产函数为二次抛物线模型的参数，见表 6-1。

二、全生育期相对值模型参数的率定

根据山西省大同御河、中心试验站、临汾、黎城、夹马口、潇河、神溪、文峪河平陆、霍泉、新绛鼓水等灌溉试验站的数据分析计算了春小麦、冬小麦等作物生产函数为全生育期相对值模型的参数，见表 6-2 和图 6-1。

表6-1　山西省不同地区小麦的水分生产函数绝对值模型参数

作物名称	地区	二次抛物线模型参数			样本数	相关系数 R	标准误差 S_{yx}	F值	α值	实测最大		计算最大		公式适用的耗水量范围/mm	年份
		a	b	c						产量/(kg/hm²)	耗水量/mm	产量/(kg/hm²)	耗水量/mm		
春小麦	大同御河	-0.0024	2.0816	151.4	5	0.9907	8.6	107.10	0.0093	3907.5	458.3	9042.0	650.2	221~459	2003
	潇河	-0.0087	6.9345	-936.0	5	0.9751	19.0	39.10	0.0249	4939.5	603.1	6663.0	596.9	328~493	2003
	中心实验站	-0.0021	1.8055	-50.6	26	0.7162	56.7	29.01	0	5662.5	471.1	5121.0	651.0	378~644	2004、2005、2008、2009
	霍泉	-0.0019	2.5021	-139.3	18	0.5635	84.6	9.68	0.0020	8814.0	463.6	—	—	241~542	2003、2005、2012
冬小麦	临汾	-0.0052	3.8241	-258.6	21	0.3865	93.5	5.67	0.0123	7504.5	336.3	6682.5	552.0	193~512	2003、2004、2005、2008
	文峪河	-0.0061	3.6985	-148.3	20	0.7748	50.6	29.24	0	6720.0	466.8	6159.0	453.3	147~563	2003、2004、2006、2008
	黎城	-0.0025	2.3061	23.9	38	0.4200	83.8	12.67	0.0001	11272.5	693.6	8221.5	681.7	172~784	2003、2005、2006、2008、2012
	平陆县红旗	-0.0084	4.2952	-189.1	21	0.4024	71.8	6.06	0.0097	7027.5	458.3	5359.5	381.4	154~529	2004、2005、2007、2012
	新绛鼓水	-0.0226	12.3817	-1250.3	16	0.8098	54.5	27.66	0	7095.0	412.6	6702.0	410.9	241~542	2004、2005、2008
	夹马口	-0.0308	26.2126	-5251.5	5	0.7711	44.5	3.36	0.2289	4620.0	685.9	4864.5	637.8	533~686	2004

表 6 - 2　　　　　　山西省不同地区小麦水分生产函数全生育期模型参数

作物名称	站名	相对值模型 1 [式（6-2）] 参数		相对值模型 2 [式（6-3）] 参数			样本数	公式适用范围 ET/mm	年　份
		β	R^2	β	σ	R^2			
春小麦	大同御河	1.1932	0.7301	1.4563	1.2012	0.7234	10	147.3～387.8	2003、2005
冬小麦	潇河	1.0747	0.6262	0.8857	0.7785	0.6595	15	102.9～362.7	2003、2004、2005
	中心实验站	0.9263	0.5231	0.5603	0.4681	0.4977	26	48.6～430.3	2004、2005、2008、2009
	临汾	1.399	0.2693	0.5545	0.3151	0.3926	21	129.1～342.3	2003、2004、2005、2008
	文峪河	0.7608	0.6992	1.1648	1.7931	0.9285	20	97.5～376.2	2003、2004、2006、2008
	平陆红旗	0.5943	0.5894	0.7843	1.4922	0.7274	26	102.6～353.1	2003、2004、2005、2007、2012
	新绛鼓水	1.252	0.633	1.7583	1.4815	0.6358	16	148.0～283.6	2004、2005、2008
	夹马口	1.2916	0.3816	1.0335	1.2057	0.3911	5	356.2～457.5	2004

图 6 - 1 是大同御河春小麦全生育相对模型关系图，文峪河、潇河和新绛鼓

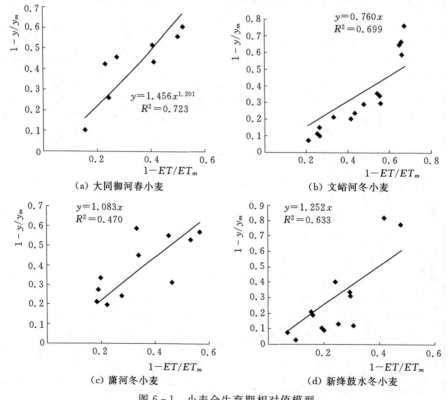

图 6 - 1　小麦全生育期相对值模型

表 6-3　山西省不同地区春小麦 Jensen 模型参数

地区	试验站	播种—出苗	出苗—分蘖	分蘖—拔节	拔节—抽穗	抽穗—灌浆	灌浆—收获	年份
		生育阶段 λ						
大同朔州	大同御河	15.15139	-2.46342	0.116267	0.190385	0.507989	0.281059	2003、2005

表 6-4　山西省不同地区冬小麦 Jensen 模型参数

地区	试验站	播种—分蘖	分蘖—越冬	越冬—返青	返青—拔节	拔节—抽穗	抽穗—灌浆	灌浆—收获	R^2	F	a	b	c	R^2	F	$F_{0.05}$	年份
		生育阶段 λ									累计水分敏感指数函数						
运城	夹马口	4.9806	0.0488	-0.0182	-0.0688	0.1496	0.1681	0.0760	0.992	34.8	13.12	0.1357	0.996	-2.2072	0.388	19.35	2004、2005
	鼓水	0.0095	0.0273	0.1453	0.1977	0.2202	0.1315	0.2271	0.621	1.4	12.92	0.1337	0.996	0.3505	1.522	3.50	2004、2005、2008
	红旗	0	0	0.1756	0.0024	0.1571	0.1045	-0.0057	0.835	20.2	12.72	0.1309	0.996	0.4551	11.071	2.58	2003—2005、2007、2012
临汾	临汾	-0.3821	0.4482	-0.3329	-0.2762	0.8359	0.6857	0.1664	0.882	13.8	6.62	0.0727	0.998	-0.0453	1.937	2.83	2003—2005、2008
	霍泉	-0.0285	0.0054	0.0838	0.2135	0.0873	0.2276	0.0917	0.416	1.8	8.29	0.0815	0.996	-0.0988	3.498	2.58	2003、2005、2008、2012
吕梁	文峪河	0.2842	0.1988	0.1930	0.0719	0.1016	-0.0268	-0.0259	0.907	16.7	6.22	0.0687	0.994	0.3465	2.623	2.91	2003、2004、2006、2008
	中心试验站	0.3473	-0.2078	0.1930	0.0232	0.0990	0.1617	0.2248	0.696	6.2	6.82	0.0735	0.998	-0.2733	1.955	2.54	2004、2005、2008、2009
长治	黎城	0.3553	0.3121	0.1634	0.0182	0.0488	-0.0165	0.0073	0.496	4.2	8.12	0.0655	0.996	-0.4976	8.107	2.33	2003、2005、2006、2008、2012
晋中	潇河	0.2975	-0.7477	-0.2225	0.3212	0.1807	0.3436	0.2608	0.928	12.9	8.72	0.0837	0.996	-0.4325	1.603	2.76	2003—2005

151

水冬小麦全生育期相对模型关系图。从图6-1中可以看出，全生育期相对模型的相关系数较高，拟合较好。

三、Jensen 模型参数的率定

根据山西省大同御河、吕梁、晋中、运城、长治等灌溉试验站的数据分析计算了春小麦、冬小麦 Jensen 作物生产函数模型的参数，详见表6-3和表6-4。

由表6-3和表6-4可以看出，根据实测的作物耗水量、产量等值计算出的 Jensen 模型的参数，在小麦同一阶段不同地区有的大，有的小，有的甚至出现了负值，经分析后，采用以相对腾发量为自变量的过程模型较好，其累计水分敏感指数函数见表6-4。

第七章　非充分灌溉制度

第一节　经济用水灌溉制度

充分灌溉制度的确定，是在供水充分的情况下，以阶段土壤含水量下限值进行灌溉的制度，即当土壤含水量达到土壤含水量下限时即进行灌溉。在供水一定的时候，以小麦的产量最大为目标，而实际是以增产效益最大为目标，确定的不同供水条件下的灌溉制度。随着供水量的增加，小麦的产量会逐渐增加，但当供水量达到一定值时，随着供水量的增加，小麦的产量增加缓慢，因此要研究小麦经济用水的灌溉制度。小麦增产效益指的是灌水之后所得的效益值与未灌水时所得的效益值之差，再扣除所用水的费用所得。

一、确定方法

1. 腾发量计算

根据山西省不同地区水文站的气象资料，该地区海拔及纬度的关系，采用用彭曼-蒙蒂斯公式可计算出参考作物的蒸发蒸腾量，记为 ET_0。

2. 小麦生长期内需水量 ET_m 计算

以气象因子计算参考作物蒸发蒸腾量，选用较普遍间接法进行计算。

$$ET_m = K_c ET_0 \tag{7-1}$$

式中：各符号意义同前。

3. 小麦灌溉用水量计算

$$M = ET_m - \beta P \tag{7-2}$$

式中：M 为小麦生长期内灌水量，mm；ET_m 为小麦生长期内需水量，mm；P 为小麦生长期内的降水量，mm；β 为小麦降水有效利用系数。

4. 土壤水分修正系数的选取

土壤水分修正系数的选取，与田间持水量和凋萎含水量有关，见式（7-3）：

$$K_\theta = \begin{cases} 1, & W \geqslant W_{\text{田min}} \\ \dfrac{W - W_{\text{凋}}}{W_0 - W_{\text{凋}}}, & W_{\text{凋}} < W \leqslant W_{\text{田min}} \\ 0, & W < W_{\text{凋}} \end{cases} \tag{7-3}$$

式中：K_θ 为土壤水分修正系数；W 为土壤贮水量，mm；$W_{\text{凋}}$ 为作物凋萎贮水量，mm；$W_{\text{田min}}$ 为作物最小田间持水量贮水量，mm。

5. 作物的实际腾发量的计算

首先要根据小麦灌溉用水量的计算，绘制出用水量与灌溉设计保证率的关系曲线。然后计算出小麦腾发量 ET_a，即

$$ET_a = K_\theta ET_m \qquad (7-4)$$

式中：ET_a 为小麦实际的腾发量，mm；其他符号意义同前。

6. 小麦产量计算

小麦的产量计算采用的模型是国内外应用最为普遍的 M. E. Jensen 的相乘模型，同式（6-3）。

7. 增产效益的计算

作物增产效益指的是灌水之后所得的效益值与未灌水时所得的效益值之差，再扣除所用水的费用所得，即

$$\max B_{效益} = \max\{(Y-Y_0)P_Y - P_w M/1.5\} \qquad (7-5)$$

式中：$B_{效益}$ 为作物的增产效益，元/hm²；Y 为灌水后的产量，kg/hm²；Y_0 为不灌水时的产量，kg/hm²；P_w 为灌溉用水的价格，元/m³；P_Y 为小麦收购的价格，kg/hm²。

8. 模式搜索法推算净增产效益最大值

模式搜索法是解决优化问题的一个直接的方法，因此在解决函数优化问题时不可微函数或求导异常麻烦的函数是非常有效的。

利用模式搜索法，对山西省各地去冬小麦净增加最大效益估计。模式搜索法计算中不需要目标函数的导数，每一次迭代是交替的轴向移动和模式移动方式，模式移动则是沿着有利的方向加速移动，而轴向运动是探测有利的下降方向。在几何意义上是寻找函数的极小值，即函数的"山谷"，努力使迭代产生的序列沿着"山谷"走向逐渐逼近极小值。相比与前次轴向移动，若目标函数值减少，则表明成功；如果本次轴向移动结束时所得点是上一次轴向移动结束时得到的点，则缩短步长，重新以上一次轴向移动结束时所得到的点处做轴向移动。如果不是同一点，则步长保持不变，继续做轴向移动。每一次探测性移动的开始点即上一次探测性移动后得到的点，反复经过多次探测性移动，直至得到使 F 值下降的那一点。

灌水次数增加，同时存在多个自变量，最优化问题需要利用此方法进行解决。首先第一个初始解 x_0（这个值对最大经济效益影响很大）要仔细确定；然后我们要用十字搜索的形式来确定基向量的方向；之后该次搜索的收敛速度和搜索能力由步长确定。

具体步骤：

（1）目标函数 $f(x)$。由灌溉制度确定 $x_1 = 1 < x_2 < x_3 < x_4 < \cdots < x_n$，其中

表 7－1　山西省不同地区不同水文年型的冬小麦经济灌溉制度

地区	水文年	灌水次数	灌溉定额	灌水时间（以播种日算起的天数表示）	ET_a/mm	ET_m/mm	ET_0/mm	P/mm	产量/(kg/hm²)	效益/(元/hm²)
运城	5%	0	0	0	390.4	443.2	492.3	303.6	5077.5	0
	25%	2	120	214/226	372.6	446.8	468.5	226.0	4966.5	813.0
	50%	4	240	174/204/211/229	384.5	437.5	438.5	180.6	5073.0	1414.5
	75%	5	300	184/231/234/235/239	423.6	459.2	499.6	162.1	5158.5	774.0
	95%	5	300	164/201/211/225/231	402.9	506.6	556.9	88.4	4864.5	2277
长治	5%	0	0	0	366.8	409.3	456.8	374.6	4663.5	0
	25%	3	180	170/183/212	451.6	522.4	580.2	230.4	4485.0	1729.5
	50%	2	120	170/212	415.3	460.6	502.4	202.3	4695.0	645.0
	75%	4	240	52/182/201/211	428.5	517.1	581.5	177.6	4284.0	2319.0
	95%	5	300	19/43/144/213/232	401.9	482.5	559.0	133.5	4308.0	4044.0
晋中	5%	2	120	210/227	325.6	368.6	466.6	278.9	4591.5	913.5
	25%	3	180	189/198/229	374.4	437.8	535.2	187.5	4434.0	1582.5
	50%	1	60	197	300.9	361.0	459.6	183.5	4309.5	1173.0
	75%	3	180	190/216/241	360.0	430.2	547.2	110.0	4329.0	2356.5
	95%	4	240	185/202/226/238	401.4	500.3	609.9	80.2	4134.0	3847.5

续表

地区	水文年	灌水次数	灌溉定额	灌水时间 （以播种日算起的天数表示）	ET_a /mm	ET_m /mm	ET_0 /mm	P /mm	产量 /(kg/hm²)	效益 /(元/hm²)
临汾	25%	0	0	0	263.7	407.0	316.1	177.1	6430.0	0
	50%	2	120	36/160	294.1	306.3	398.9	144.4	6683.0	676.0
	75%	2	120	36/134	294.2	332.3	449.3	112.3	6532.0	1965.0
	95%	3	180	38/80/188	304.9	345.4	432.7	78.9	6316.0	543.0

表7-2 山西省不同地区不同水文年型的春小麦经济灌溉制度

地区	水文年	灌水次数	灌溉定额	灌水时间 （以播种日算起的天数表示）	ET_a /mm	ET_m /mm	ET_0 /mm	P /mm	产量 /(kg/hm²)	增加效益 /(元/hm²)
大同	25%	3	180	19/43/65	405	409	442	178.8	4140	2535
	50%	3	180	34/49/68	407	422	446	136.4	4050	2430
	75%	3	180	40/53/64	391	411	439	130.0	4035	2775
	95%	4	240	40/48/61/72	423	450	483	54.5	3960	3705

x_n 为总生长天数。先拟定一个初始点从而计算得出一个目标函数的值，以 8 为步长，然后计算其相邻的值 $f(x_{i+j})$，$j \in (8，4，2，1)$。

（2）如果有一点的函数值比其增产量更大则代表搜索成功，那么 $x_{i+8} = x_{i+j}$，且下次搜索时以 x_{i+8} 为中心，以 8 为步长，如果最后没有找到满足条件的点则代表搜索失败，继续以 x_i 为中心，步长减半，进行搜索。

（3）重复（2）的操作直到步长变为 1 并且两个函数值相差小于 0.001 为止。

在相同灌水定额条件下，我们需要运用模式搜索法在棉花生长周期内进行逐年逐日求出最佳灌水时间，找到经济效益的最大值点，做出不同灌水量与效益的曲线，求出最优灌水量下的最大效益。

根据式（7-5），分析整理了大同、长治、运城、晋中、临汾地区的冬小麦和春小麦的经济灌溉制度。详见表 7-1 和表 7-2。

第二节　限额供水灌溉制度

前面介绍了充分灌溉制度和经济灌溉制度，但是在实际当中，也会遇到供水不足的时候，即限额供水，在这种情况下，需要根据限额供水的灌溉制度进行灌溉，因此有必要分析制定限额供水的灌溉制度。限额灌溉制度是在供水一定的时候，以小麦的产量最大为目标，而实际是以增产效益最大为目标，确定的不同供水条件下的灌溉制度。研究方法同经济灌溉制度。

根据第一节的研究方法，表 7-3 是大同、临汾、长治、运城、晋中地区的冬小麦作物在不同水文年的限额供水灌溉制度，为当地小麦的限额灌溉提供了依据。

表 7-3　　　山西省不同地区、不同水文年型的冬小麦限额灌溉制度

地区	水文年	灌水次数	灌溉定额	灌水时间 （距离播种的天数）	ET_a /mm	ET_m /mm	ET_0 /mm	P /mm	产量 /(kg/hm²)
运城	25%	0	0	0	275.1	446.8	468.5	226.0	4261.5
		1	60	214	334.6				4726.5
		2	120	214/226	372.6				4966.5
	50%	0	0	0	271.8	437.5	438.5	180.6	4282.5
		1	60	174	330.1				4743.0
		2	120	174/235	361.4				4947.0
		3	180	174/205/230	376.4				5032.5
		4	240	174/204/211/229	384.5				5073.0
	75%	0	0	0	332.5	459.2	499.6	162.1	4647.0
		1	60	184	377.7				4938.0

续表

地区	水文年	灌水次数	灌溉定额	灌水时间（距离播种的天数）	ET_a/mm	ET_m/mm	ET_0/mm	P/mm	产量/(kg/hm²)
运城	75%	2	120	184/234	408.1	459.2	499.6	162.1	5094.0
		3	180	184/231/235	421.3				5151.0
		4	240	184/231/233/235	422.5				5155.5
		5	300	184/231/234/235/239	423.6				5158.5
	95%	0	0	0	223.5	506.6	556.9	88.4	3522.0
		1	60	164	294.0				4123.5
		2	120	164/201	349.2				4530.0
		3	180	164/201/235	378.9				4723.5
		4	240	164/201/225/231	394.2				4813.5
		5	300	164/201/211/225/231	402.9				4864.5
长治	25%	0	0	0	333.0	522.4	580.2	230.4	3204.0
		1	60	183	389.3				3813.0
		2	120	183/212	428.2				4233.0
		3	180	170/183/212	451.6				4485.0
	50%	0	0	0	363.7	460.6	502.4	202.3	4063.5
		1	60	212	398.0				4483.5
		2	120	170/212	415.3				4695.0
	75%	0	0	0	271.6	476.2	581.5	177.6	2571.0
		1	60	200	338.1				3297.0
		2	120	181/201	380.7				3760.5
		3	180	181/201/211	404.6				4023.0
		4	240	52/182/201/211	428.5				4284.0
	95%	0	0	0	176.2	482.5	559.0	133.5	1669.5
		1	60	144	245.7				2481.0
		2	120	144/213	309.8				3231.0
		3	180	43/144/213	348.1				3678.0
		4	240	43/144/213/232	380.6				4059.0
		5	300	19/43/144/213/232	401.9				4308.0
晋中	5%	0	0	0	276.7	368.6	466.6	278.9	3843.0
		1	60	213	309.1				4339.5
		2	120	210/227	325.6				4591.5

续表

地区	水文年	灌水次数	灌溉定额	灌水时间（距离播种的天数）	ET_a/mm	ET_m/mm	ET_0/mm	P/mm	产量/(kg/hm²)
晋中	25%	0	0	0	280.1				3217.5
		1	60	200	334.5	437.8	535.2	187.5	3919.5
		2	120	198/229	357.9				4221.0
		3	180	189/198/229	374.4				4434.0
	50%	0	0	0	257.0	361.0	459.6	183.5	3624.0
		1	60	197	300.9				4309.5
	75%	0	0	0	241.7				2776.5
		1	60	215	303.6	430.2	547.2	110.0	3589.5
		2	120	190/215	334.7				3997.5
		3	180	190/211/229	360.0				4329.0
	95%	0	0	0	190.6				1756.5
		1	60	203	272.7				2683.5
		2	120	202/229	334.5	500.3	609.9	80.2	3379.5
		3	180	185/202/229	375.0				3837.0
		4	240	185/202/226/238	401.4				4134.0
临汾	50%	0	0	0	226.1				5896.5
		1	60	36	279.2	306.0	398.0	141.1	6585.0
		2	120	36/180	294.1				6682.5
	75%	0	0	0	210.1				5109.0
		1	60	75	267.4	332.3	449.7	112.3	6259.5
		2	120	36/134	294.7				6532.5
	95%	0	0	0	209.4				5824.5
		1	60	55	264.8	345.4	432.7	78.9	6316.5
		2	120	25/80	265.4				6316.5
		3	180	11/80/188	304.9				6546.0
大同	25%	0	0	0	240.0				2205.0
		1	60	51	302.0	409.0	442.0	178.8	3030.0
		2	120	46/52	360.0				3750.0
		3	180	19/43/65	405.0				4140.0
	50%	0	0	0	238.0				2160.0
		1	60	54	301.0	422.0	446.0	136.4	2910.0
		2	120	49/52	361.0				3585.0
		3	180	34/49/68	407.0				4050.0

地区	水文年	灌水次数	灌溉定额	灌水时间（距离播种的天数）	ET_a/mm	ET_m/mm	ET_0/mm	P/mm	产量/(kg/hm²)
大同	75%	0	0	0	220.0	411.0	439.0	130.0	1965.0
		1	60	57	282.0				2745.0
		2	120	45/60	342.0				3465.0
		3	180	40/53/64	391.0				4035.0
	95%	0	0	0	194.0	450.0	483.0	54.5	1365.0
		1	60	61	254.0				2175.0
		2	120	54/61	317.0				2895.0
		3	180	47/51/61	377.0				3540.0
		4	240	40/48/61/72	423.0				3960.0

第八章　小麦水分生产率

第一节　小麦水分生产率的定义及影响因素

一、小麦水分生产率的定义

小麦水分生产率是指单位水资源量在一定耕作栽培条件下所获得的产量或产值，单位为 kg/m³ 或元/m³。它是衡量农业生产水平和农业用水科学性与合理性的综合指标。狭义的小麦水分生产率还有灌溉水分生产率。小麦水分生产率指小麦消耗单位水量的产出，其值等于小麦产量一般指经济产量与小麦净耗水量或腾发量之比值。灌溉水分生产率指单位灌溉水量所能生产的农产品的数量。小麦水分生产率计算见式（8-1）：

$$WP = P/WC \qquad (8-1)$$

式中：WP 为小麦水分生产率；P 为小麦产量，kg；WC 为小麦消耗的水量，m³。

从式（8-1）可知，提高小麦水分生产率可以有三种途径在保持相同水量消耗的条件下提高作物产量，或者在保持相同作物产量的条件下减少水的消耗，或者在提高作物产量的同时减少水的消耗。消灭消耗的水有有效部分和无效部分。减少小麦水量无效消耗是提高小麦水分生产率的重要手段。

不同田间、不同地区、不同系统和不同流域之间，小麦水分生产率变化很大。这主要与气候类型、灌溉技术、田间水管理、土地和基础设施、劳力、肥料和机械的投入不同有关。

二、小麦水分生产率的影响因素

影响小麦水分生产率的因素很多，主要包括灌溉因素、农艺因素、管理措施、农业经济措施以及经济、政策方面的措施等。小麦产量的提高只能在田间层次实现。包括使蒸腾更有效的植物生理措施，减少蒸发的农业经济措施，以及提高灌溉水利用率的农业工程措施。

实际上，植物生理技术、农业经济措施与农业工程措施等许多措施都综合在一起使用，以总体上提高小麦水分生产率。

第二节 小麦分区水分生产率

在整理分析水分生产率时，采用的是小麦水分生产率，根据山西省十几个灌溉试验站的资料，分析计算了山西省不同地区小麦在不同水文年情况下的水分生产率，见表8-1。

表8-1　　　　山西省不同地区不同水文年的冬小麦水分生产率

地区	水文年	灌水次数	灌溉定额	ET/mm	产量/(kg/亩)	效益/(元/亩)	水分生产率/(kg/m³)
运城	5%	0	0	390.4	338.5	778.6	1.30
		1	60	420.0	346.6	770.2	1.24
	25%	0	0	275.1	284.1	653.4	1.55
		1	60	334.6	315.1	697.7	1.41
		2	120	372.6	331.1	707.6	1.33
		3	180	407.2	342.6	707.0	1.26
	50%	0	0	271.8	285.5	656.7	1.58
		1	60	330.1	316.2	700.3	1.44
		2	120	361.4	329.8	731.6	1.37
		3	180	376.4	335.5	744.6	1.34
		4	240	384.5	338.2	751.0	1.32
		5	300	411.5	345.9	741.6	1.26
	75%	0	0	332.5	309.8	712.5	1.40
		1	60	377.7	329.2	730.1	1.31
		2	120	408.1	339.6	754.1	1.25
		3	180	421.3	343.4	762.7	1.22
		4	240	422.5	343.7	763.4	1.22
		5	300	423.6	343.9	764.1	1.22
	95%	0	0	223.5	234.8	540.0	1.58
		1	60	294.0	274.9	605.2	1.40
		2	120	349.2	302.0	640.7	1.30
		3	180	378.9	314.9	670.2	1.25
		4	240	394.2	320.9	684.2	1.22
		5	300	402.9	324.3	691.8	1.21

续表

地区	水文年	灌水次数	灌溉定额	ET /mm	产量 /(kg/亩)	效益 /(元/亩)	水分生产率 /(kg/m³)
长治	5%	0	0	366.8	310.9	715.2	1.27
		1	60	371.1	314.9	697.3	1.27
	25%	0	0	333.0	213.6	491.4	0.96
		1	60	389.3	254.2	557.6	0.98
		2	120	428.2	282.2	595.0	0.99
		3	180	451.6	299.0	606.7	0.99
		4	240	458.9	304.3	591.8	0.99
	50%	0	0	363.7	270.9	623.0	1.12
		1	60	398.0	298.9	660.5	1.13
		2	120	415.3	313.0	666.0	1.13
		3	180	426.7	322.3	660.3	1.13
	75%	0	0	271.6	171.4	394.2	0.95
		1	60	338.1	219.8	478.5	0.98
		2	120	380.7	250.7	522.7	0.99
		3	180	404.6	268.2	535.8	0.99
		4	240	428.5	285.6	548.8	1.00
		5	300	442.0	295.3	544.3	1.00
	95%	0	0	176.2	111.3	255.9	0.95
		1	60	245.7	165.4	353.4	1.01
		2	120	309.8	215.4	441.5	1.04
		3	180	348.1	245.2	483.0	1.06
		4	240	380.6	270.6	514.4	1.07
		5	300	401.9	287.2	525.5	1.07
晋中	5%	0	0	276.7	256.2	589.2	1.39
		1	60	309.1	289.3	638.3	1.40
		2	120	325.6	306.1	650.1	1.41
		3	180	325.8	306.2	623.3	1.41
	25%	0	0	280.1	214.5	493.3	1.15
		1	60	334.5	261.3	574.0	1.17
		2	120	357.9	281.4	593.2	1.18
		3	180	374.4	295.6	598.8	1.18
		4	240	381.7	301.8	586.2	1.19

续表

地区	水文年	灌水次数	灌溉定额	ET /mm	产量 /(kg/亩)	效益 /(元/亩)	水分生产率 /(kg/m³)
晋中	50%	0	0	257.0	241.6	555.7	1.41
		1	60	300.9	287.3	633.9	1.43
		2	120	309.5	296.4	627.6	1.44
	75%	0	0	241.7	185.1	425.8	1.15
		1	60	303.6	239.3	523.4	1.18
		2	120	334.7	266.5	558.9	1.19
		3	180	360.0	288.6	582.9	1.20
		4	240	361.6	290.0	558.9	1.20
	95%	0	0	190.6	117.1	269.4	0.92
		1	60	272.7	178.9	384.4	0.98
		2	120	334.5	225.3	464.2	1.01
		3	180	375.0	255.8	507.3	1.02
		4	240	401.4	275.6	525.9	1.03
		5	300	411.3	283.1	516.1	1.03

参 考 文 献

[1]　王仰仁，孙小平. 山西农业节水理论与作物高效用水模式 [M]. 北京：中国科学技术出版社，2003.

[2]　康绍忠. 农业水土工程概论 [M]. 北京：中国农业出版社，2007.

[3]　刘钰，汪林，倪广恒，等. 中国主要作物灌溉需水量空间分布特征 [J]. 农业工程学报，2009，25 (12)：6 - 12.

[4]　陈玉民，郭国双，等. 中国主要作物需水量与灌溉 [M]. 北京：水利电力出版社，1995.

[5]　孙爽，杨晓光，李克南，等. 中国冬小麦需水量时空特征分析 [J]. 农业工程学报，2013，29 (15)：72 - 82.

[6]　韩娜娜，王仰仁，周青云，等. 山西省小麦需水量空间变化规律分析研究 [J]. 中国水利水电，2016 (9)：154 - 157.

[7]　冯乐勇，崔福柱，杜天庆，等. 山西省近 10 年小麦生产成本、产量及经济效益分析 [J]. 山西农业科学，2016，44 (12)：1882 - 1886.

[8]　雷志栋，杨诗秀，谢森传. 土壤水动力学 [M]. 北京：清华大学出版社，1988.

[9]　王仰仁. 考虑水分和养分胁迫的 SPAC 水热动态与作物生长模拟研究 [D]. 西北农林科技大学，2006.

[10]　何春燕，张忠，何新林，等. 作物水分生产函数及灌溉制度优化的研究进展 [J]. 水资源与水工程学报，2007，18 (3)：42 - 45.

[11]　尚松浩. 作物非充分灌溉制度的模拟-优化方法 [J]. 清华大学学报：自然科学版，2005，45 (9)：1179 - 1183.

[12]　郭元裕. 农田水利学 [M]. 北京：中国水利水电出版社，1997.

[13]　王仰仁，雷志栋，杨诗秀. 冬小麦水分敏感指数累积函数研究 [J]. 水利学报，1997 (5)：28 - 34.

[14]　康绍忠，张富仓，刘晓. 作物叶面蒸腾与棵间蒸发分摊系数的计算方法 [J]. 水科学进展，1995，6 (4)：285 - 289.

[15]　水利部国际合作司，等，译. 美国国家灌溉工程师手册 [M]. 北京：中国水利水电出版社，1998.

[16]　Richard G. Allen，Luis S. Pereira，Dirk Raes. 作物腾发量-作物需水量计算指南（中文版）[M]. 1998.

[17]　杨燕山，陈渠昌，郭中小，等. 内蒙古西部风沙区耕地有效降雨量适宜计算方法 [J]. 内蒙古水利，2004 (1)：67 - 70.

[18]　马建琴，何胜，郝秀平. 作物实时灌溉预报中有效降雨量的计算方法 [J]. 人民黄河，2015，37 (5)：138 - 143.

[19]　刘战东，高阳，巩文军，等. 模拟降雨条件下覆盖方式对冬小麦降水利用的影响 [J].

水土保持学报，2011，25（6）：153－159.

[20] 许迪，龚时宏，李益农，等. 作物水分生产率改善途径与方法研究综述［J］. 水利学报，2010，41（6）：631－639.

[21] 张治川. 提高作物水分生产率技术集成研究［D］. 武汉大学，2005.